高校数学教学模式与创新策略

邓 瑾◎著

U0213248

吉林出版集团股份有限公司

图书在版编目（CIP）数据

高校数学教学模式与创新策略 / 邓瑾著. — 长春 ：
吉林出版集团股份有限公司，2023.8
　ISBN 978-7-5731-4235-1

　Ⅰ．①高… Ⅱ．①邓… Ⅲ．①高等数学－教学模式－
研究－高等学校 Ⅳ．① O13

中国国家版本馆 CIP 数据核字（2023）第 176523 号

GAOXIAO SHUXUE JIAOXUE MOSHI YU CHUANGXIN CELÜE

高校数学教学模式与创新策略

著　　者	邓　瑾
出版策划	崔文辉
责任编辑	李金默
封面设计	文　一
出　　版	吉林出版集团股份有限公司
	（长春市福祉大路 5788 号，邮政编码：130118）
发　　行	吉林出版集团译文图书经营有限公司
	（http://shop34896900.taobao.com）
电　　话	总编办：0431-81629909　营销部：0431-81629880/81629900
印　　刷	廊坊市广阳区九洲印刷厂
开　　本	710mm×1000mm　1/16
字　　数	250 千字
印　　张	14
版　　次	2023 年 8 月第 1 版
印　　次	2023 年 8 月第 1 次印刷
书　　号	ISBN 978-7-5731-4235-1
定　　价	78.00 元

如发现印装质量问题，影响阅读，请与印刷厂联系调换。电话：0316-2803040

前　　言

　　课堂是师生交流的主要场所，是由教师和学生共同打造的学习生活环境。数学课堂的教学效率低下不仅仅是教师或者学生单方面的原因，而是二者相互影响下造成的结果。课堂应以学生为主体，把课堂还给学生，教师应退到组织者和引导者的角色。然而，现阶段教育改革任重道远，一些学校为保持考试成绩和升学率的优势地位，应试教育现象依然突出。在数学课堂中，灌输式教学、学生被动接受学习的现象屡见不鲜。

　　数学课堂教学改革刻不容缓。教师有必要对高校数学的课堂教学与模式设计进行新的探讨，并在新的教学课堂与模式下，转变学生传统的学习方式，让学生能在有效的时间和空间下，学会学习、学会探究、学会合作、学会应用，并在掌握数学知识的前提下学会创新，以适应新时代的要求。构建数学的高效课堂需要学生和教师共同努力，通过教师的合理组织、引导，学生的积极配合，打造一个轻松和谐的学习氛围，从而提高课堂教学质量。如何引导学生主动参与数学课堂学习，改变学生的学习方式，促进学生健康、全面、持续发展？基于这些问题的提出和探讨，笔者撰写本书，希望能对工作在一线的数学教师提供一定的帮助。

　　由于时间比较仓促，加上笔者水平有限，在编写本书的过程中难免会出现一些纰漏和错误之处，敬请读者批评指正。

目　录

第一章 数学新课程教学理论

数学课程教学改革的关键在于数学教师教育教学观念的更新，转变落后的、陈旧的教学理念，树立起科学的、先进的教学理念，并将这些理念切实运用于数学教学之中。本章我们将从分析传统数学课程的教学理念入手，阐明数学新课程教学理念，并介绍数学新课程教学理念的理论支撑：素质教育理论、多元智能理论、建构主义学习理论、弗赖登塔尔与波利亚的数学教育理论，以帮助大家逐步理解和树立数学新课程的教学理念。

第一节 高校数学新课程教学理念

课程是对教学的目标、内容、活动方式和方法的规划和设计，亦即课程方案（或教学计划）、课程标准（或教学大纲）和教材（或教科书）中预定的教学内容、教学目标和教学活动。教学就是按照课程所提出的计划，由教师指导学生从事各种学校活动，实现课程所规定的各项教学目标的过程。对课程教学的认识经历了一个不断发展的过程。

一、传统课程的主要教学理念

（一）课程传递和执行的过程

传统的"数学课程"被理解为规范性的数学教学内容，这也就意味着，教师无须思考课程问题，教师的任务只是教学。因此，在传统数学教学中，最常听到的一句话是"以纲为纲，以本为本"，教学只能是忠实而有效地传递和执行课程，而不能对课程做出任何调整和变革，教师只是既定课程的阐述者和传递者，学生只是既定课程的接受者和吸收者。

（二）教师教、学生学的过程

在传统数学教学中，教师负责教，学生负责学，教学就是教师对学生单向"培养"的活动。一方面，以教为中心，重教轻学，教师是数学知识的占有者和传授者，教学就是教师将自己拥有的知识传授给学生，学生只能单纯地接受教师讲解的知识，被动接受知识，教代替了学，学生是被教会的，而不是自己学会的。另一方面，以教为基础，先教后学，教支配、控制学，学无条件地服从教。学生只能跟着教师学，复制教师讲授的内容，师生间是一种主动传授与被动接受、控制与服从的不平等的关系。传统的数学教学只是教与学两方面的机械叠加。

（三）重结果、轻过程的教学

传统数学教学重结果、轻过程，把数学知识变成了单调刻板的条文，一切都是现成的：现成的结论、现成的论证、现成的说明、现成的讲解。教学中有太多的机械、沉闷和程式化，缺乏生气、乐趣和对好奇心的刺激。这样的教学重视的是学生学会了什么，强调的是接受知识、积累知识，注重教学效率，在最短的时间里使学生学到尽可能多的知识，这样的教学使学生只能以模仿和记忆的方式进行学习。

（四）以学科为本位的教学

传统数学课程体系大体上是按照科学的体系展开的，不太重视属于学生自己的经验，内容一般是一系列经过精心组织的、条理清晰的数学结构，强调数学知识的重要性，注重反映数学学科知识的严密性和系统性。以这些内容为基础的数学教学，远离学生的实际生活，把生动、复杂的数学教学活动囿于认知领域，只注重学生对数学知识的记忆、理解和掌握。这样的内容和教学有利于学生按计划完成学习任务并形成扎实的知识基础，但难以拓宽学生的视野、贯通学生的思想，容易抑制学生主动性和创造性的发展。

二、新课程倡导的基本教学理念

（一）课程创生与开发的过程

当课程由"专制"走向民主、由封闭走向开放、由学科内容走向学生经验的时候，课程就不只是"文本课程"——课程计划、课程标准和教科书，而更是"体验课程"——被教师和学生实实在在地体验到、感受到、领悟到、思考到的课程。在特定的数学教学情境中，每一位数学教师和学生对给定的数学内容都有其自身的理解，对它的意义都有自身的解读，从而对这些内容不断进行变革与创新，不断转化为"自己的课程"。因此，教师和学生不是外在于课程的，而是课程的有机构成部分，是课程的创造者和主体，他们共同参与课程开发的过程。这样教学就不只是课程传递和执行的过程，而更是课程创生与开发的过程。因此，新课程实施要求中多次提到"教师应创造性地使用教材"。

（二）师生交往、积极互动、共同发展的过程

新课程强调，教学是教师的教与学生的学的统一，这种统一的实质是交往、互动，师生双方相互交流、相互沟通、相互启发、相互补充。在这个过程中教师与学生分享彼此的思考、经验和知识，交流彼此的情感、体验与观念，丰富教学内容，求得新的发现，从而实现教学相长和共同发展。交往昭示着教学不是教师教、学生学的机械叠加，而是师生互教互学，教师是学生学习的促进者，彼此形成一个真正的"数学学习共同体"，建立起一种平等合作、对话理解的师生关系。

（三）重结果更重过程的教学

教学的过程，是达到教学目的或获得所需结论而必须经历的活动程序。教学的重要目的之一，就是使学生理解和掌握正确的结论，所以必须重结果。但是，如果不经过学生一系列的质疑、判断、比较、选择以及相应的分析、综合、概括等认知活动，结论就难以获得，也难以真正理解和巩固，更不要说创新思维和创新精神的培养了，所以不仅要重结果，更要重过程。新课程强调过程，强调学生探索新知的经历和获得新知的体验。新课程倡导的教学过程不仅是学生接受知识的过程，而且也是一个发现问题、提出问题、分析问题、解决问题的过程，强调学生的发现学习、探究学习、研究性学习。强调过程的教学，在短期内可能会暂时影响教学的效率，但从长远看，学生所获得的是一种不可量化的、长效的、终身受用的丰厚回报。

（四）以学生的发展为本的教学

关注人是新课程的核心理念——"一切为了每个学生的发展"。数学新

课程既关注数学学科的知识体系，又关注当下的学生的知识经验和体验。这就要求数学教学从学生的生活经验和已有的体验开始，从直观的和容易引起想象的问题出发，让数学情景包含在学生熟悉的事物和具体情景之中，并与学生已有的知识经验相联系，特别是与学生生活中积累的常识性知识和学生已有的、但未经训练或不那么严格的数学知识相联系。以学生的发展为本的教学既重视学生认知领域水平的提高，又重视学生在情感领域的发展，关注学生的情绪生活和情感体验，使教学过程成为学生一种愉悦的情绪生活并产生积极的情感。数学教学应该成为学生对数学产生"好奇心"和"喜欢"的源泉，这就要求教师必须用"心"施教，而不是只做数学知识的传声筒。

第二节　教学模式的特性及功能

一、教学模式的特性

（一）教学模式的结构性

支持结构说的研究者认为，教学模式是教学结构的一种表达形式。结构是反映客观事物的各个要素之间的组织规律和形式。从广义角度看，教学模式的结构性主要是指教材、教师、学生几个基本要素的组合方式及相互关系；从狭义角度来看，任何一种教学模式都是为实现特定的教学目标而设计的，每种教学模式都有其应用范围，需要合适的外部条件才能运用。可什么是一个好的教学模式呢？评价一个教学模式的好坏关键是看在一定的情况下，是否达到了特定的教学目标。在实际教学中应该注意教学模式的适应性和指向性，选择教学模式时应考虑课程的特性，选择特点和性能都合适的教学模式。

（二）教学模式的操作性

教学模式的操作性不是指停留在理论层面上的教学思想，而是指一种具体化，可以直接用于操作的理论。它是提炼教学理论或活动方式中最关键的步骤。它用简明的方式进行表达，提供一个非常具体的教学行为框架，并对教育工作者的行为做出具体的规定，让教师在授课时有章可循、有规可依，方便教师理解、把握并运用。

（三）教学模式的完整性

教学模式的完整性是指把教学理论构想与教学实现相结合，达到统一，因而它具备一套完整的结构和一系列的运行要求，在理论上能自圆其说，在过程上有始有终。

（四）教学模式的稳定性

教学模式的稳定性是指它是大量教学实践活动的总结和理论概括，在某种意义上揭示了教学活动中具有的普遍规律。通常来讲，教学模式所提供的程序对各个科目的教学具有普遍的参考作用，一般不涉及具体的学科内容，具有相对的稳定性。教学模式是基于一定的教学理论提出的，教学模式往往与一定历史时期的社会政治、经济、文化、科学、教育的水平相联系，受制于当时的教育方针和教育目标。因此，这种稳定性是相对的。

（五）教学模式的灵活性

教学模式的灵活性，是指用于针对某些特定的教学内容，必须贯彻某些理论或思想；在运用教学模式的过程中要考虑到课程的特殊性、教学内容、当前的教学条件和师生的具体情况，从而在微观上对教学方法进行适当的调整，体现对学科特点的自适应性。

二、教学模式的功能

（一）教学模式的中介作用

教学模式的中介作用是指能为各科教学提供某种理论支持的模式化的教学法体系。它可以改变教师只凭已有的经验，根据感觉在实践中摸索前进的状况，为教学理论与实践搭起了一座桥梁。

教学模式的中介作用源自它本身，又源于实践，同时又与某些理论简化形式的特点分不开。

一方面，教学模式是通过长期的实践形成的，是对某一教学活动方式进行加工、选择、提炼、概括的产物，是为某种教学及其所关联的各个因素及因素之间的关系提供一种具有内在逻辑关系的、相对稳定的操作框架，这种框架有着一定的理论依据和现实意义。

另一方面，教学模式是对某种教学理论的简化。它可以通过一些简洁明了的表现形式，如典型符号、精练的图表、流程关系来表达它所依据的教学理论的原理和基本特点，使抽象的理论在人们的头脑中形成一个简单具体的程序性的教学实施步骤。

（二）教学模式的方法论意义

对教学模式的研究是教学研究方法上的一种突破。一直以来大家习惯于采取单一刻板的思维方式研究教学，强调采用分析法来研究教学的各个步骤，但对各模块之间的联系或关系没有足够的重视，或习惯于停留在对各部分关系的抽象的辩证理解上，缺少作为教学实践中的特点及可操作性。研究教学模式可以指导教师从全局上去综合地研究教学步骤中各因素之间的制约关系及其形式多样的表现形态，以发展的思维去把握教学过程的内在实质和规律，这对研究教学过程的优化组合起着积极的作用。

第三节　教学模式的结构

一、教学理论或教学思想

任何教学模式都有其所依据的教学理论或思想，比如以合作教育学为指导的纲要信号教学模式（由沙塔洛夫提出）。有的教学模式最初并没有明确的理论基础，而是通过长期的实践逐渐形成的，但也会采用一定的指导思想对教学经验进行系统的概括，如在中学、高校中大规模采用的讲授式，就是基于这种对教学任务的认识，让学生掌握系统的科学知识。

二、教学目标

任何教学模式都有一个教学目标，即预计这种教学模式中的教学活动对学生产生的影响，具体表现为学生的知识、能力、思想品德的发展变化及其他非认知因素的演变。凯洛夫代表的"传递—接受"教学模式，就是为了让学生系统地掌握知识、技能。德国非常推崇直观明了的范例教学模式，其目的是让学生对基本概念有个直观的理解，通过学习挑选出来的示范性材料中的基础知识，能够培养学生独立思考和处理问题的能力。在我国，自学辅导教学模式以培养自学能力为主要目标。因此，每门学科的每个教学单位、每个课时都有自己具体的教学目标。

在教学模式的结构中，教学目标处于核心地位。我们依据教学目标来设计教学模式的处理结构，安排具体的操作程序，选择策略方法。教学目标也制约着其他不利因素的产生，是进行教学评价的衡量尺度。

三、教学内容

每种教学模式都以一定的教学思想为指导，对教师、学生、教学手段进行特定的处理，最终完成预定的教学目标。教学目标通过教学内容来完成。不同的教学模式对编排教学内容有不同的要求。例如，程序教学是依据行为主义心理学的操作条件反射理论来设计的，所以教材应该小步编排、逐步推进、阶段性评定学习结果。范例教学模式在教学内容上有三种特性：基本性、基础性、范例性。

四、师生结合

在任何教学活动中，学生和教师双方在教学过程中都有其特定的地位，承担着不同的角色和任务，配合或独立从事一定的活动，要相互之间产生作用，加深相互之间的关系。构成一定教学模式的主要因素有师生地位、师生关系、活动方式、任务、相互作用及其不同组合等。关于师生地位、作用和相互关系方面，常见的教学模式可划分为三种样式：第一种是以教师讲解为主；第二种是学生在教师的启发和引导下，主动开动大脑，动手实践去获取知识，旨在培养学生的自学能力；第三种主要靠学生自学完成课程知识的学习，教师仅仅提供一些必要的帮助，起到辅助的作用。

五、操作程序

操作程序即完成教学目标的步骤和过程。每个教学模式都有符合其特性的操作程序，即在教学活动中师生应该先进行哪些活动，各步骤应先完成哪些任务。操作程序的实质在于如何处理教师与学习者和教学内容之间的关系，以及在时间上按什么顺序来实施。例如程序教学会把教学内容进行划分，细化后需要分步骤进行，每一个步骤学习一小部分教材内容，然后通过回答提问或完成教师布置的作业进行强化，之后再进入下一程序进行学习。

一个完整的教学模式由教学目标、教学理论、教学内容、操作程序、师生组合等五个因素组成。这些因素相互影响、相互联系并组成一个整体。

第四节　数学新课程基本教育理论

数学教育是一门比较年轻的学科，尚未形成举世公认的数学教育理论。本节介绍部分对数学教育实践有重大影响的数学教育理论。

一、素质教育理论

（一）素质教育的内容

所谓素质教育，就是利用遗传与环境两方面的积极影响，调动学生认知与实践的主观能动性，促进学生生理与心理、智力与非智力、认知与意向等因素全面和谐地发展，促进人类文化向学生个体心理品质的内化，为学生的进一步发展形成良性循环的教育。

（二）数学素质教育研究

1. 素质教育体现了数学教学中的主要特征

在数学教学中实施素质教育，首先要更新教育观念，对传统教学加以扬弃，既要保留和继承，又要改革和发展；既要全面推进素质教育，又要突出以培养学生的创新精神和实践能力为重点。这就要抓住素质教育的基本特征并结合数学教学的特点，以有效实施。素质教育体现在数学教学中的主要特征：

（1）全体性和全面性。素质教育是以提高全民族素质为宗旨的教育，是一个系统工程。数学是基础教育中的一门基础性学科，所以数学教学要对全体学生负责，要使每个学生都能在原有基础上得到全面、和谐与充分的发展。要从素质教育的整体出发审视数学教学，使知识和能力、认知和情感协调发展，把数学教学融入素质教育的整体之中。

（2）主体性和活动性。主体性是素质教育的核心和灵魂，在数学教学中要充分体现学生的主体地位，这就要求尊重学生人格，重视情感、意志、动机、信念等人格因素的价值，必须保证学生在课堂教学中有充分能动的时间和空间，在他们主动、深层次参与过程中，实现理解、认知、探索和创造，在学习中学会学习，全面提高素质。

（3）发展性和创造性。素质教育要为学生终身发展奠定基础，实现人的可持续发展。发展作为主体的主动行为，是素质教育的本质特征，要让全体学生得到全面的发展，把个性发展和社会发展结合起来，使学生学会认知、学会做事、学会共同生活、学会生存。21世纪的社会对人的创新精神和实践能力提出了更高的要求，在数学教学中，要努力使学生想创新、敢创新、能创新和会创新，逐步形成创新的意识和能力，并能够理论联系实际，在实践和应用的过程中，学会应用、学会创造。

2. 在数学教学中实施素质教育的途径和方法

（1）重视非智力因素，促进学生健全人格的发展。数学作为社会文化的组成部分，数学教育已经成为一个文化过程，它的目的不仅要求渗透德育、培养能力，使学生获得数学的知识和技能，而且还必须注重学生健全人格的形成与发展，使他们具有积极的情感、良好的意志品质、创新意识和进取精神，以适应未来社会的需要。

传统数学教学中，普遍重视认知目标的制定和落实，而忽视动机、兴趣、情感、意志、性格等非智力因素的培养，在教学过程中没能把智力因素与非智力因素有机地结合起来。因此，在教学中要提高培养非智力因素的意识、培养非智力因素的自觉性和主动性，在继续重视认知领域的同时，加强情感领域目标的制定和落实，并努力把它们结合起来，在整体上发挥效益，全面提高学生素质。比如，精心创设教学情境，培养学生的学习动机；用数学本身的魅力和教学艺术，激发学生的兴趣；用教师的高尚人格、一片爱心去感染学生，培养他们积极的情感；利用"问题解决"的过程，培养学生的创新精神和意志品质等。这就需要在教学中营造一个民主、平等、和谐的教学氛围，充分尊重学生的人格，关注学生的发展，将认知和情感两个领域有机结合，实现教学过程的优化，促进学生的全面发展。

（2）充分体现主体地位，引导学生积极参与。数学教学是数学活动的教学，是数学知识在人们头脑中产生和发展的活动过程的教学，是学生作为主体积极地参与获得数学知识的活动过程的教学。但在应试教育下，由于赶进度，只能在教学中"掐头去尾烧中段"，削弱了知识的发生过程和应用过程，只强调结论的记忆和题型的训练，使充满美感和生机勃勃的数学，在学生眼中变成了枯燥无味的公式、结论和习题的堆积。在这样的教学模式中，学生的主体性是难以体现的。在数学教学中，学生是认识的主体，而主体性是活动生成、活动赋予，并在活动中发展的。因此，要体现学生的主体性，在教学活动中就要注意展现数学思想发展的脉络，注重创设问题情境，引导学生积极参与到数学活动中。在数学活动中，要由传统教学中教师到学生的单向信息传递，转变为师生之间、学生之间的多向信息交流，使教学成为一个开放的过程，将学生的思维真正调动起来；要引导学生动手、动口、动脑，全方位地参与，其中关键是思维上的参与，而思维上的参与主要体现在数学知识的内化、数学技能的形成及数学经验、思想、观念的获得等方面。

（3）注重因材施教，实施分类指导。推进素质教育，就是要使各个层次学生的潜能都能得到充分发挥。社会对人才的需求是多层次的，数学教学要考虑到各类人才的不同需求，考虑到不同学生间的差异。面向全体学生唯一的办法就是因材施教、实施分类指导。

要搞好因材施教、实施分类指导就是要发挥班级授课制的优点，摒弃缺点，最大限度地考虑学生的个性差异和内在潜能。要求教师在数学教学中，把教学目标、教学内容、教学方法等方面分出几个层次，对不同层次学生提出不同的要求，不搞"一刀切"。实施分类指导，有利于调动各类学生学习的积极性，使他们在成功中充满信心，激发进取精神，充分发挥非智力因素在教学中的作用，同时可以使各层次的学生在各自的"最近发展区"得到充分思维，使各层次的学生都能得到提高，从而发挥更大的教学效益。

（4）加强学法指导，教会学生学习。用发展的眼光来看，社会对人才终身学习能力的要求越来越高，因此，数学教学就不仅要让学生"学会"数学，而更重要的是"会学"数学，学会学习，具备在未来工作中科学地提出问题、探索问题、创造性地解决问题的能力，具备坚忍不拔、顽强进取的良好品质。

数学教学中，学生是数学活动的主体，不是接受知识的容器，要靠他们主动地去获取知识。从某种意义上讲，数学不是靠教师教会的，而是在教师指导下靠学生自己学会的。因此，加强学法指导，正是抓住了教学过程的本质，在教学中将教法改革与学法指导结合起来，是提高课堂效率的重要措施。学法指导一般分为三个层面：

①基本方法层面——掌握基本的学习方法，养成良好的学习习惯。基本的学习方法是学法指导的重点，如怎样预习、怎样听课、怎样记笔记、怎样复习小结等，要针对每个环节的特点，制定具体的操作模式，让学生形成良好的学习习惯。同时要针对具体内容和学习阶段的特点进行学法指导。

②思维方法层面——引导学生积极参与数学活动，学会数学的思维方法。数学教学中培养思维能力是能力培养的核心，教会学生思维的方法，形成良好的思维品质是数学教学成功的标志。在数学知识的发生、发展、应用的过程中，要有意识地引导学生进行观察、分析、综合、抽象、概括、类比、猜

想、归纳、演绎，使他们学会这些思维方法，领会和掌握蕴含其中的数形结合、分类讨论、转化等数学思想方法。在教学中，对科学观念、思想方法上的指导，将会使学生终身受益。

③问题解决层面——培养应用意识，探索问题解决的途径。问题解决引入数学教学，可以指导学生研究解决一些非常规的和应用性的问题，使学生在观念和方法上得到锻炼，培养学生的应用意识以及自己发现问题、研究问题、解决问题的能力，以适应未来社会对人才的要求。

学法指导主要通过课堂教学中的渗透，在长期的潜移默化中完成，因此教师要在教学中提高学法指导的意识性和自觉性，要把学法指导作为教学目的之一。精心创设教学情境，展现知识的形成过程，引导学生深层次的思维参与，在学习的实践中学会思维方法，学会分析问题和解决问题，这是学法指导最重要的途径和目的。在学法指导中，同时要注意研究各类学生学法的特点和规律，挖掘兴趣、情感、意志等非智力因素的作用，保护学生学习的积极性，鼓励他们的探索精神和科学态度。

（5）注重数学思想方法，促进数学意识的形成。数学思想方法是数学的灵魂，在数学教学中要重视让学生领会蕴含在基础知识中的数学思想方法，逐步形成数学意识，从而对学生产生稳定而持久的影响。从素质教育的要求出发，数学思想方法的教学应注意以下几方面：

①把数学思想方法与教学内容有机地结合起来。数学是概念、原理、数学思想方法的和谐统一体，其中数学思想是对数学概念、原理和方法的本质认识，是分析和处理数学问题所采用数学方法的指导思想。学生头脑中数学思想的形成是在反复理解和运用数学概念、原理和方法中逐步完成的，因此，在课堂教学中，要努力挖掘蕴含在数学知识中的数学思想方法，做到有机结

合、有意渗透。

②注意数学思想方法教学的系统性和有序性。数学思想方法的教学是一个长期的过程。为了从整体上发挥最佳的教学效益,应注意各学段、各年级、各章节数学思想方法教学内容、要求的系统性和有序性,制定数学思想方法的教学目标和训练序列,把握每种数学思想方法渗透、点明的最佳时机,以取得更好的教学效果。

③推进数学思想向更高层次转化,促进数学意识的形成。数学的意识是指用数学的思维方式去考虑问题、处理问题的自觉意识或思维习惯,是数学的思想、方法、态度构成的认识系统。数学意识主要包括推理意识、抽象意识、整体意识和化归意识。数学意识是由数学能力到数学素质的中介,因此,教学中要重视推进学生头脑中的数学思想向更高层次转化,以促进其数学意识的形成。

二、多元智能理论

(一)多元智能理论的产生与发展

1979 年,哈佛大学教育研究生院"零点项目"研究小组受荷兰海牙伯纳德·凡·李尔基金会的委托承担了一项重大课题:研究人类潜能的本质以及这些潜能如何才能得到最大化的开发。时任"零点项目"负责人之一的霍华德·加德纳(Howard Gardner)和他的同事们总结和归纳了对于不同群体认知能力的观察发现和研究成果,其中包括对正常的和天资聪慧的儿童认知能力发展的研究,以及对脑损伤病人认知能力受损情况的调查,并在广泛研究的基础上,于 1983 年在《智能的结构》一书中提出了"多元智能理论"(简称 MI）。该书主要从心理学角度展现了多元智能理论，但在书的最后一章探讨了多元智能对教育的意义，该书也因此在美国教育界引起轰动。在随后的10 年里，霍华德·加德纳与他的"零点项目"的同事们致力于多元智能理论在学龄前儿童、中小学教育中的应用项目的研究，其中包括在幼儿早期多元智能确认和培养的"多彩光谱"项目、小学阶段多元智能理论的"重点实验学校"项目、高校阶段的"学校实用智能"项目、高级中学的学科探索"艺术推进"项目以及"为理解而教"项目等，在美国的多所中小学、幼儿园进行这些项目的实验，运用多元智能理论来指导教育和办学。

多元智能理论是 20 世纪 90 年代以来在美国教育界具有重大影响，并成为许多国家当前教育改革重要指导思想的一种理论。霍华德·加德纳于1999 年 2 月在《多元智能》中译本序中写道："在美国，大多数教育思想只有几年的生命力。10 年时间，对于关注多元智能理论的教育界和公众来说，是相当长的，我十分惊喜地发现，在多元智能理论首次提出近 20 年后的今天，美国和世界各地对它的兴趣仍在持续增长。"

（二）多元智能理论的基本含义

1. 智能的本质

传统的智商（IQ）理论认为，智能是以语言能力和逻辑—数学能力为核心的、以整合方式存在的一种能力。这种能力是学校教育培养和考核的重点，决定了学生在学校中学习的好坏，通过智商测试可以较好地预测学生在学校的成绩，但对预测他们走出学校后的实际工作情况却无能为力。加德纳在批评智商理论的基础上，在《智能的结构》中提出了一个新的智能的定义，即"智能是在某种社会和文化环境的价值标准下，个体用以解决自己遇到的真正难题或生产及创造出有效产品所需要的能力"。加德纳这一智能定义认为，智能并不像传统智能定义那样以语言能力和抽象逻辑思维能力为核心和衡量水平高低的标准，而是以能否解决现实生活中的实际问题或生产及创造出社会需要的产品的能力作为核心和衡量水平高低的标准，智能一方面是解决实际问题的能力，另一方面还是生产及创造出社会需要的产品的能力。

2. 智能的结构

根据新的智能定义，加德纳提出了关于智能及其性质和结构的新理论——多元智能理论。他认为人的智能是多元的——不是一种能力而是一组能力，人的多种智能都与具体的认知领域或知识范畴紧密相关，它们不是以整合的形式存在而是以相对独立的形式存在，它们各自有着不同的发展规律并使用不同的符号系统。"这些智能就是所有人都在使用的语言，而且部分地受到每个人所处文化的影响。这些智能是全人类都能够使用的学习、解决问题和创造的工具。"在加德纳的多元智能理论框架中，包括以下八种智能：

（1）语言智能（linguistic intelligence）。语言智能是指用言语思维、用语言表达和欣赏深层内涵的能力。作家、诗人、记者、演说家都显示出高度的语言智能。

（2）逻辑—数学智能（logical-mathematical intelligence）。逻辑—数学智能是指人能够计算、量化、思考命题和假设，并进行复杂数学运算的能力。科学家、数学家、会计师、工程师和电脑程序设计师、律师都显示出很强的逻辑—数学智能。

（3）空间智能（spatial intelligence）。空间智能是指人们利用三维空间的方式进行思维的能力，如航海家，飞行员、雕塑家、画家和建筑师所表现的能力。空间智能使人能够知觉到外在和内在的图像，能够重现、转变或修饰心理图像，不但能够使自己在空间里自由驰骋，能有效地调整物体的空间位置，还能创造或解释图形信息。

（4）身体—运动智能（bodily-kinesthetic intelligence）。身体—运动智能是指人能巧妙地操纵物体和调整身体的能力。身体—运动智能强的人动手能力强，比较喜欢体能方面的活动，触觉敏锐，擅长用动作和姿态表达思想和感情。演员、运动员、舞蹈家、手工艺匠、外科医生都是很好的例证。

（5）音乐智能（musical intelligence）。音乐智能是指人敏锐地感知音调、旋律、节奏和音色等的能力。具有这种智能的人包括作曲家、歌唱家、演奏家、指挥家、乐师、乐器制造者和善于领悟音乐的听众。

（6）人际关系智能（interpersonal intelligence）。人际关系智能是指能够有效地理解别人和与人交往的能力。人际交往智能突出的人往往对他人的情绪、心意和期盼反应灵敏，擅长解读他人心理，能从别人角度来思考和理解问题，通常具有较好的社交、组织和领导能力。成功的教师、社会工作者、管理者或政治家就是最好的例证。

（7）自我认识智能（intrapersonal intelligence）。自我认识智能是指关于建构正确自我知觉的能力，并善于用这种知识来计划和引导自己的人生。自我认识智能强的人具有较强的自省和反思能力，喜欢沉思默想，探索自己的内心世界。这种智能在哲学家、心理学家、神学家身上有比较突出的表现。

（8）自然观察者智能（naturalist intelligence）。自然观察者智能是指观察自然界中的各种形态，对物体进行辨认和分类，能够洞察自然或人造系统的能力。学有专长的自然观察者包括农夫、植物学家、猎人、生态学家和园林设计师。

3. 多元智能理论的基本含义

（1）每个人的智能都有独特的表现形式，每一种智能都有多种表现方式。根据加德纳的多元智能理论，作为个体，我们每个人都同时拥有相对独立的八种智能，而这八种智能在现实生活中是错综复杂地、有机地以不同形式、不同程度地组合在一起，因而使得每个人的智能各具特点。同时，即便是同一种智能，其表现方式也是不一样的：同样具有较高的逻辑—数学智能的两个人，其中一个可能是数学家，而另一个可能是文盲，但他却有很好的心算能力。

由于每个人的智能都有独特的表现形式，每一种智能都有多种表现方式，我们很难找到一个适用于任何人的统一的评价标准来评价一个人聪明与否。同样，我们不能说八种智能哪种重要、哪种不重要，我们只能说八种智能在个体智能结构中都占有重要的位置，处于同等重要的地位，另外，每种智能有其独特的发展顺序，在人生的不同时期开始生长与成熟。

（2）个体智能的发展方向和程度受到环境和教育的影响和制约。在加德纳的多元智能理论看来，智能是人的生理和心理的潜能，虽然每个人身上都存在八种智能，但个体智能的发展受到包括社会环境、自然环境和教育条件的极大影响甚至制约，其发展方向和程度因环境和教育条件不同而表现出差异。就智能的发展方向而言，以航海为生的重视的是空间智能，生活在这种环境下的人以空间认知和辨认方向能力的相对发达为智能发展的共同特征；而以机械化和大规模复制产品为主要特征的现代工业社会重视的是语言智能和逻辑—数学智能，这种环境要求人们的语言智能和逻辑—数学智能相对发达；当今以"知识爆炸"和产品不断更新为主要特征的信息社会，这种环境要求人们的多种智能全面发展和个性充分展示为智能发展的共同特征。就智能的发展程度而言，无论哪种智能，其最大限度的发展都有赖于环境和教育的影响，特别是教育的影响。学生的语言智能和逻辑—数学智能的发展是通过有目的、有计划和有组织的学校教育施行的。

（3）人类在所有智能中都有创造的可能，然而大部分人都只能对某些特定领域进行创造，也就是说，大部分人都只能在一两种智能上表现突出。如爱因斯坦是数学和自然科学方面的天才，然而他在身体—运动智能及音乐智能方面却没有同样的表现。

（4）多元智能理论重视的是多维地看待智能问题的方法。加德纳认为，个体身上存在着的多种智能并非一成不变，不该局限于他已经确认的这八种，也可能存在着除了这八种智能以外的其他智能，他所提出的八种智能的观点，虽然比较准确地反映了人类智能的特点，但在某种程度上还只是一个理论框架或构想，重要的不是七种、八种或九种智能，而是一种多维度地分析智能问题的方法。事实上，加德纳在1983年只提出前七种智能，自然观察者智能是在1998年才被检测出来，而对于1999年提出的"存在智能"（existential intelligence），加德纳认为具有足够的资格堪称二分之一智能。

4.多元智能理论的教育含义

多元智能理论使我们摆脱了传统智商理论的局限，深入了解人类智能的本质，给教育理论与实践带来了重要的启示。

（1）教育应致力于八种智能的整体发展。传统教育将重点放在语言智能与逻辑—数学智能的培养上，只重视与这两种智能有关的学科，致使学生在其他领域的智能难以获得充分发展。加德纳的多元智能理论指出人们至少具有八种智能，每种智能都具有同等的重要性，而且是相互补充、共同作用的，仅具有语言智能与逻辑—数学智能并不足以应对未来生活与工作所面临的挑战。因此，教育工作应致力于八种智能的整体发展。

（2）教育必须因材施教。因材施教不是一个新观点，但多元智能理论使我们从智能的角度进一步认识到因材施教的必要性。多元智能理论框架的中心就是认识、尊重和充分利用个体智能差异。每个学生都有自己的优势智能领域，每个学生都是八种不同智能不同程度的组合，每个学生会以不同的方法来学习、表征和回忆知识。在教学中，充分发挥每个人的智力潜能，最大限度地利用个体特征，就是因材施教。换句话说，教学中应针对每个学生不同的需要而使用不同的教学方法。

（3）教育应尽可能鼓励学生建立自己的学习目标与学习方案。教师应尊重学生对自己认知风格的意识，同时给予他们机会去管理自己的学习，并鼓励学生负责任地计划并监控自己的学习和工作，以帮助学生逐渐地了解自己的内在潜能和发展这些潜能的方法，这就要求教育应重视培养学生的自我认识智能。

（4）教育必须遵循智能的发展规律。智能在其发展的不同阶段是以不同的方式显现的。每一种智能发展的自然轨迹，都来源于原生的模仿能力，在后续阶段中，智能会通过符号系统来表现。随着智能的发展，每一种智能连带相关的符号系统，将由另一种体系的标记或记号所代表（如数学符号、数学公式等）。在相应的文化背景下，每个人都是在接受正规的教育时学会这一级符号系统的。最后，在青春期和成人阶段，智能则是通过对理想的职业和业余爱好的追求来表现的。因此教育的方法与作用随着智能发展的轨迹应有所不同，对智能的评估和开发也应根据智能发展的轨迹采取适当的方式进行。

（5）基于多元智能理论的教育评估。传统的教育评估关注的是学生的学业成绩，考量的智能主要是语言智能和逻辑—数学智能，根据多元智能理论，这种评估缺乏公平性和科学性，除非对学生在不同领域以不同认知过程学习的状况进行准确的评估。

基于多元智能理论的教育评估主要是针对每一种特定智能（或智能的组合）的评估，这种评估应当侧重特定智能所要解决的问题（如数学智能的评估应该提出数学领域的问题）。其关注的一个重要方面，是在使用特定智能的媒体时，看被评估者解决问题或创造产品的能力。基于多元智能理论的教育评估在目的上与传统的教育评估是不同的，一方面是准确了解学习者的智能状态，为学生做出适当的职业或副业选择提供建议和参考，并有针对性地加强学生的智能弱项，另一方面是预测学习者将要面临的困难，并提出通过其他的途径达到教育目标的建议（如建议通过空间关系学习数学）。

5. 多元智能理论指导下的数学教学

用多元智能理论指导数学教学，我们不仅要考虑多元智能理论应用的环境——高校数学教学实际，而且要考虑数学教育自身的特点。只有将先进的教育思想与具体教育实际结合起来，才能使先进的思想发挥其应有的作用。

（1）数学教学的一个直接目的——真正理解并学以致用。加德纳强调指出，真正理解并学以致用——教育的一个直接目的，并提出"为理解而教"。他认为，学生若能把在任何教育背景下所获得的知识和技能，应用到与这些知识确实相关的新的事件中或新的领域中，那么学生就具有了真正理解并学以致用的能力。若不会应用所学知识或在新的形势下选择了不恰当的知识，就没有真正理解并学以致用的能力。他描述了一种我们也常见的现象：学生在教室里表现得似乎理解了，因为能把记住的事实和法则反馈给教师，可是一旦需要他们自己独立挑选在学校学过的什么概念、事实或技巧，用于眼前的新情况，就表现得不能"真正理解并学以致用"。加德纳认为，对学习内容而言，只有在学生表现出"真正理解并学以致用"之后，才能感觉到它的存在。

要想"学以致用"没有"真正理解"是不行的，因此，要达到"学以致用"的目的，首先应解决"真正理解"的问题。

什么是"理解"？柏金斯（加德纳"零点项目"的协同主持人）比较了"理解"和"知道"的概念指出，当我们说一个人"知道"某事，通常是指他已把信息存储于大脑中，并随时可以取用。相对而言，如果说一个学生"理解"某事物时，就表明他具有驾驭所储存信息的技能，所谓"理解"是指个体可以运用信息做事情，而不是他们记得什么。

（2）培养学生深层理解力的教学方法——多元切入。根据多元智能理论，每个人的智能优势不同、智能组合特点各不相同，这就造成了理解方式的多样化。英国学者道尔曾很有感触地谈到以下事实：他在很长时期内一直认为，图像对于帮助学生直观地去掌握抽象的数学知识是十分有用的，然而他后来的一些经历使他认识到这样一点：并非所有的学生都具有所说的"几何观念"。而教师在教学中通常采用某种方式帮助学生理解，可能就会使其中部分不适应这种方式的学生不能理解或部分不理解，对教学内容的不理解是学生在学习数学过程中遇到的最大障碍。那么如何培养和提高学生的理解力？加德纳在2000年提出了培养深层理解力的方法——对问题的不同切入点：语言描述的方法、逻辑量化的方法、美学的方法、实验动手的方法、人际关系的方法、追根求源的方法。结合数学学科、数学教学的特点，我们认为：语言描述的方法——用普通的语言进行数学概念、事实、定理、公式、问题的表述；逻辑量化的方法——通过一些具体的数量关系反映抽象的数学关系；美学的方法——通过图形、图片等视觉感受激发学生解决问题的欲望，或以最优化的思想达到解决问题的目的；实验动手的方法——通过动手实验研究数学问题、探究数学定理、公式等；人际关系的方法——通过师生共同协作的方法研究数学问题；追根求源的方法——探求数学概念、定理、数学问题的来龙去脉。

如对于"极限"概念的教学，我们可以通过语言描述的方法进行形象化的描述，可以用逻辑量化的方法研究一些具体函数或数列在某个变化过程中的趋势，也可以通过一些图像观察变化趋势，还可以追根求源的方法了解古代"极限"思想，这些不同的切入点，都将有助于学生理解"极限"概念。用多元切入的方法，教师在教学过程中注重的仍然是某一概念或技能的掌握。切入点应当如何多元化，应视教学内容、学生智能的特点和教学效果而定。

三、建构主义学习理论

建构主义（Constructivism）也叫结构主义，作为一种新的认知理论的哲学观点，建构主义兴起于 20 世纪 80 年代。建构主义的思想起源可追溯到 2500 多年前，新西兰学者诺拉指出，在反对用直接教学方式以形成知识基础的原因方面，苏格拉底和柏拉图是教育上最早的建构主义者。按照建构主义的观点，苏格拉底的"产婆术"无疑是建构主义教学的成功范例。现代建构主义主要是吸收了皮亚杰的发生认识论与结构主义、维果茨基的智力发展理论、杜威的经验主义、奥苏伯尔的有意义学习理论、布鲁纳的发现学习理论等研究成果和理论观点，并在总结 20 世纪 60 年代以来的各种教育改革方案的经验基础上演变和发展起来的。

（一）皮亚杰与维果茨基的智力发展理论

皮亚杰与维果茨基被视为现代建构主义的先驱，在此首先对他们的理论进行介绍。

1. 皮亚杰的发生认识论

瑞士心理学家、哲学家皮亚杰（J.Piaget）从认识的发生和发展的角度对儿童心理学进行了系统、深入的研究，曾明确提出了认识是一种以主体已有的知识和经验为基础的主动建构的观点，从而被看成现代建构主义的一个直接先驱，而且也为心理学研究与哲学特别是认识论研究的密切结合提供了一个范例。

皮亚杰在心理学上研究的具体成果为其在认识论方面的基本主张提供了重要的论据。成年人都具有"物体常存性"的认识，即客体超出我们的视线时仍然是存在的，然而对幼儿来说，"看不见的东西就不存在"才是他们对于现实的一个"精确"描述。另一个例子关于"体积的守恒性"，成年人都知道当液体由一个容器倒入另一个容器时体积保持不变，但当同样体积的液体分别倒入一个矮而粗的玻璃杯和一个高而细的玻璃杯时，孩子们会认为液体表面层较高的玻璃杯中有较多的液体。由这两个例子可以得出，尽管儿童与我们看到的现象是同样的，却给出了不同的解释，这反映了儿童眼中的世界正是他们自己的建构，表明了认识活动的建构性质。这一结论对成年人来说也是成立的，即人们对于客观世界的认识都依赖于自身的"解释结构"（认知结构），或者说，认识就是一种以主体已有的知识和经验为基础的主动的建构活动，而这正是建构主义观点的核心所在。

相对于具体的认识活动而言，皮亚杰更为关注认识的发展过程。按照皮亚杰的观点，对客体的认识主要是一个"同化"和"顺应"的过程，同化就是把所说的对象纳入（整合）到主体已有的认知结构中。只有借助于同化过程，客体才可能获得真正的意义。在对外部客体进行"同化"的同时，主体所具有的认知结构也有一个不断发展或重构的过程，特别是在已有的认知结构无法"容纳"新的对象的情况下，主体就必须对已有的认知结构进行变革以使其与客体相适应，这就是所谓的"顺应"。因此，认识并非思维对于外部事物或现象的简单的、被动的反映，而是主体的一种主动的建构活动。"同化""顺应"正是两种不同的建构方式。

作为对于数学本质的具体分析，皮亚杰认为，逻辑—数学的真理并非从客观对象中抽象出来的，而是由主体施加于对象之上的动作，也就是从主体的活动中抽象出来的。例如，次序的观念并非从对象中抽象出来的，而完全依赖于排序的活动。数学认识的发展一方面是反省抽象的结果，即人们对客体操作的"内化"过程，另一方面是人们的"自我调节"平衡作用的结果，即主体内在的"数学结构"与外部环境的相互作用，也就是"同化""顺应"的过程。数学思维的进一步发展就是自我抽象的反复应用，也就是在更高的层次上对已发现结构中抽象出来的东西重新建构。

2.维果茨基的智力发展理论

维果茨基是苏联的著名心理学家，他从辩证唯物主义的立场对儿童智力的发展过程进行了深入的研究，特别是强调了社会环境在这一发展过程中的重要作用。因此，维果茨基被认为是现代社会建构主义的直接先驱。

维果茨基基于辩证唯物主义的观点认为，环境对儿童智力发展起着重要作用，人类在环境面前并非处于一种纯粹的被动地位，而是对于环境积极的、能动的改造。儿童智力的发展主要是"行为模式的重建"，这种发展是生理成熟因素和社会—文化因素共同作用的结果，而后一因素起着更为重要的作用。对认知活动社会性质的突出强调，正是现代社会建构主义的核心所在。

他强调语言在儿童智力发展中的重要作用，认为以语言为中介的行为模式直接促成了高级心理行为的产生，语言在高级心理行为的组织中发挥了核心的作用。由于语言具有明显的社会性质，社会语言的内化就是智力社会化的过程。

维果茨基提出了"最近发展区"的概念。所谓最近发展区就是儿童的实际发展水平与潜在发展水平之间的差距，前者是指儿童目前所能够独立完成的，后者则是指其在别人（如老师）的帮助下或通过与同伴交流合作完成的。由于"潜在发展水平"是在社会交流（包括教学与合作）层次上体现出来的，因此由潜在发展水平向实际发展水平的转化，就十分清楚地表明了外部环境特别是教学活动（包括合作学习）对于个人智力发展的重要性。"最近发展区"的思想在教学上有着十分重要的意义，"教学不应落后于发展"即在教学中不应只看到学生的实际发展水平，而应着眼于学生可能的发展。智力的发展就是"社会经验的内化"。维果茨基认为，离开了社会化的学习过程，很多内在的发展就是不可能的。因此，社会环境不仅是智力发展的一个必要条件，而且也具体地决定了智力的发展方向。

"内化"的概念在维果茨基的智力发展理论中占有十分重要的地位。"社会经验的内化"，即由"个体间"向"个体内"的转化，"语言的内化"是由"社会语言"向"内在语言"的转化，这两个转化是直接相联系的。社会和文化的因素在人类智力发展的过程中发挥重要作用，社会语言的内化是智力社会化的过程，也就是一个文化继承的过程。由于智力发展最终是一个内化的过程，必须由每个个体在头脑中相对独立地去完成，因此这也就清楚地表明了认识活动特别是学习活动的建构性质。

（二）建构主义关于数学教学的基本观点

1. 建构主义数学知识观

数学知识是个人经验的合理化，并不是对现实的准确表征，它只是一种解释、一种假设。数学知识包含真理性，但不是绝对的、唯一的答案，随着人们认识程度的不断深入，新的假设将不断产生。数学知识并不能精确地概括世界的法则，而是需要学习主体针对具体情境进行再创造。

数学知识不可能以实体的形式存在于具体个体之外，尽管通过语言符号赋予了数学知识一定的外在形式，但这并不意味着学习者会对这些命题有同样的理解，因为这些理解只能由个体学习者基于自己的经验背景而建构起来，并取决于特定情境下的学习历程。

2. 建构主义数学学习观

（1）学习不是由教师把知识简单地传递给学生，而是由学生自己建构知识的过程，这种建构是无法由别人来代替的。学生对教师所讲的内容有一个"理解"或"消化"的过程，而学生有他自己的"数学现实"，学生在先前的学习活动和社会生活中，已经掌握了一定的数学知识和思维模式，因此，"理解"就并非只是指弄清教师的"本意"，而首先是学习者依据自身已有的数学知识和经验去对教师所讲的内容做出"解释"，应当说这是一种个体"创造性的理解"。因而数学学习活动就是通过学生自身主动的建构，使新的数学材料在学生头脑中获得特定的意义，从而在新的数学材料与学生已有的数学知识和经验之间建立实质的、非任意的联系。

（2）学习不是被动接收信息刺激，而是积极主动地建构意义，是根据自己的经验背景，对外部信息进行主动地选择、加工和处理，从而获得自己的意义。外部信息本身没有什么意义，意义是学生通过新旧知识经验间的反复的、双向的相互作用的过程而建构成的。

（3）学习意义的获得，是每个学习者以自己原有的知识经验为基础，对新信息重新认识和编码，建构自己的理解。在这一过程中，学生原有的知识经验因为新知识经验的进入而发生调整和改变，因此，学习活动主要是一个"顺应"的过程。数学学习过程不应被看成是单一的积累过程，而必然包含有一定的质变，即对于错误或不恰当观念的纠正和更新。数学学习作为一种建构活动，往往需要经过多次的反复和深化，而并非一次性完成的。

（4）学生学习活动主要是在学校这样一个特定环境中、在教师的直接指导下进行的，而且主要是一种文化继承的行为，具有明显的社会建构的性质。数学认识是一个发展、改进的过程，而发展和改进主要是通过与外部的交流得以实现的，因此，数学学习不能看成是个人行为，而是由"数学学习共同体"——教师和学生共同完成的，正是"数学学习共同体"为每一个学习主体的主动建构活动提供了必要的外部环境。

3. 建构主义数学教学观

（1）教师应当成为学生学习活动的促进者。由于学习是学生主动的建构活动，不是对知识的被动接受，因此，教师就不应被看成"知识的授予者"，而应成为学生学习活动的促进者。在肯定学生主体地位的前提下，教师应在教学活动中发挥主导的作用。教师应努力使学生感到数学学习活动是有意义的，使教学内容尽可能地贴近学生的数学现实，与学生的实际生活相联系，使学生感到有趣、有用，从而调动学生的学习积极性。在教学活动中，教师还担当"活动组织者""启发者""质疑者"和"示范者"等多重角色，这些角色作用发挥的目的都在于促进学生主动地建构，帮助学生更好地掌握数学知识和技能，特别是学会数学的思维。

（2）教师应当深入地了解学生真实的思维活动。学习是学生在其原有知识经验基础上的主动建构的过程，了解学生的情况，包括真实的思维活动，应当被看成一切教学工作的出发点。教师只有真正理解了学生思维发生发展的过程，才能有的放矢地采取适当的教学措施以帮助学生完成建构活动。教师不能以自己的主观分析和解释来代替学生真实的思维活动，应当意识到学生所学到的未必是教师所教的（或希望他们学到的）。

（3）教师必须为学生的学习活动创造一个良好的学习环境。数学学习活动这一主动建构过程，必然受到社会条件和外部环境的影响，因此，教师必须根据教学对象、教学内容和教学环境的具体情况创造性地开展工作。在开始新的学习活动前，教师应注意帮助学生获得必要的经验和预备知识。由于学生的认知发展就是观念上的平衡状态不断遭到破坏，并又不断达到新的平衡状态的过程，因此，教师应当善于创设问题情境，使学生面对利用已有的知识、经验和能力不足以解决问题时产生观念上的不平衡，同时学生能够较为清楚地看到自身已有知识的局限性，从而努力通过新的学习活动达到新的、更高水平的平衡。教师还应当努力培养出好的"数学学习共同体"，这个共同体的特点是：每个人都得到应有的尊重和理解；真理的标准是理性而不是权威；共同体的成员保持思想的开放性，提倡不同思想、不同见解的充分交流，乐于进行自我批评，善于接受各种合理的新思想。教师也是这个共同体中的一员，与学生是一种平等、互动的关系。

（4）教师必须高度重视对于学生错误的纠正。由于学习从总体上说主要是一个"顺应"的过程，而并非知识的简单积累，因此，纠正学生的错误在数学教学中具有十分重要的地位。我们应对学生的错误予以"理解"，明确错误原因。同时，我们应清楚地认识到错误的纠正并非一件简单的事，往往有一个较长的过程，甚至可能包括一定的反复。因为，作为整体性认知结构的一个有机组成部分，任何已经建立的认识都不能简单地"抹去"，而长期地存在于人们的头脑中。因此，学生的错误不可能单纯依靠正面的示范和反复的练习得以纠正，而必须是一个"自我否定"的过程，"自我否定"是以自我反省特别是内在的"观念冲突"作为必要的前提，因此，为有效帮助学生纠正错误，教师应注意提供适当的外部环境来促进学生的自我反省并引起必要的"观念冲突"，如适当的提问和举反例就是引起"观念冲突"的有效的方法。

（5）教师应充分注意学生建构多元化的特征。由于认识活动是主体主动的建构，学生建构呈现多元化特征，表现出一定的差异性或个体特殊性。即使对于同一数学学习内容，不同的个体由于知识背景、学习经验和思维方法等方面的差异而可能具有不同的思维过程。因此，我们不仅要深入了解学生真实的思维活动，而且不能停留于对共性的普遍认识，应更为深入地去了解各个学生的特殊性，并在教学活动中真正做到"因材施教"。

4.建构主义观点下的数学教学设计

建构主义者在建构主义学习理论的基础上，就学习内容的选取和组织、教学进程的整体设计进行了开发。

（1）随机通达教学（Random Access Instruction）。随机通达教学也称随机进入教学，就是对同一内容的学习安排在不同时间多次进行，每次的情境都是经过改组的，而且目的不同，分别着眼于问题的不同侧面。也就是说，学生可以随意通过不同途径或不同方式进入同样教学内容的学习，从而获得对同一事物或同一问题的多方面认识与理解。这种教学避免抽象地谈概念的一般运用，而是把概念置于一定的实例中，与具体情境联系起来，有利于学生形成背景性经验，针对具体情境并用于指引问题解决的建构。

（2）自上而下（top-down）教学。自上而下教学就是首先呈现整体性的任务，让学生尝试进行问题的解决。在此过程中，学生要自己发现完成整体任务所需完成的子任务，以及完成各级任务所需的各种知识技能，在掌握这些知识技能的基础上，最终使问题得以解决。

（3）情境性教学（Situated or Anchored Instruction）。情境性教学也称为抛锚式教学、实例式教学或基于问题的教学，就是根据事先确定的学习主题在相关的实际情境中选择某个真实事件或真实问题，在课堂上展现出与现实中专家解决问题相类似的探索过程，教师提供解决问题的原型，并指导学生的探索。这种教学使学习在与现实情境相类似的情境中发生，以解决学生在现实生活中的问题为目标，对于培养学生的解决问题的能力和探索精神有重要作用。

（4）支架式（Scaffolding）教学。Scaffolding 本义是建筑行业中使用的脚手架，这里用来形象地说明一种教学模式：通过支架（教师的帮助）把管理学习的任务逐渐由教师转移到学生手里，最后撤去支架。支架式教学包括以下几个环节：

①预热：将学生引入一定的问题情境，并提供可能获得的工具。

②探索：由教师为学生确立目标，用以引发情境的各种可能性，让学生进行探索尝试。在此过程中，教师可给予启发引导，提供问题解决的原型，而后要逐步增加问题的探索性成分，逐步让位于学生自己的探索。

③独立探索：教师放手让学生自己决定探索的方向和问题，选择自己的方法，独立地进行探索。这个环节，不同的学生可能会探索不同的问题。

当今的建构主义者重视教学中"数学学习共同体"成员间的相互作用，合作学习（Cooperative Learning）、交互式教学（Reciprocal Teaching）在建构主义数学教学中也广为采用。

从以上对建构主义数学学习理论的介绍中可以看出，建构主义学习环境中的教师和学生的关系已经发生了很大的变化，教师的地位和角色发生了转变，但并不意味着教师的角色不重要了，在教学中的地位降低了，而是意味着教师起作用的方式和方法已不同于传统教师。在建构主义学习理论中，为了促进学生对学习材料意义的建构，教师课上课下需要承担多重角色，对教师的能力有着更高的要求，教师的新的多重角色较传统的知识传授者的单一角色从深层次的作用上显得更为重要。

建构主义学习理论提出了许多富有创见的教学思想，其中许多观点和主张无疑具有合理性，开阔了人们的视野，对数学的教育改革实践具有借鉴意义。但我们应当清楚地认识到建构主义学习理论不是也不可能是解决教育问题的万能良药，而且有些建构主义者的观点有些极端、唯心的成分。因此，我们应当正视传统教育教学的诸多弊端，批判地吸收建构主义学习理论的合理见解，促进我们的数学教学改革，以真正落实素质教育。

四、弗赖登塔尔与波利亚的数学教育理论

（一）弗赖登塔尔的数学教育理论

弗赖登塔尔（Hans Freudenthal，1905—1990）是荷兰著名数学家和数学教育家。他曾经是荷兰皇家科学院的院士，早在 20 世纪三四十年代就以李群和拓扑学方面的卓越成就为世人所知，从 50 年代初起，研究重心转向

数学教育。在 1967 年至 1970 年间任"国际数学教育委员会"（ICMI）主席，组织召开了第一届"国际数学教育大会"，创办了《数学教育研究》杂志，在世界范围内为数学教育事业做出了巨大贡献。1987 年，弗赖登塔尔曾来中国讲学。

弗赖登塔尔关于数学教育的论述，主要集中在《作为教育任务的数学》《除草与播种》《数学结构的教学法现象学》和《数学教育再探——在中国的讲学》几本著作中。下面介绍弗赖登塔尔数学教育思想的基本观点。

1. 现实的数学

弗赖登塔尔认为，数学是现实的数学，它的过去、现在和将来都属于客观世界，属于社会。他提出数学教育应该是现实数学的教育，应该源于现实，寓于现实，用于现实。数学教育应该通过具体的问题来教抽象的数学内容，应该从学习者所经历所接触的客观实际中提出问题，然后升华为数学概念、运算法则或数学思想。数学教学内容应该是对客观事物之间关系的反映，教学要时刻以这种关系为出发点。他强调，只有源于现实关系、寓于现实关系的教学，才能使学生明白和学会如何从现实中提出问题和解决问题，如何将所学知识更好地应用于现实。

现实数学的第二层含义是社会的数学现实，即全社会各个领域的人对数学的不同水平的需求。要求数学教育必须面向全体学生，为社会培养适应不同层次、不同行业需要的人才。

现实数学的第三层含义是每个人的"数学现实"。弗赖登塔尔认为，每个人都有自己所接触到的特定的"数学现实"，即每个人所接触到的客观世界中的数学规律以及有关这些规律的数学认知结构。由于每个学生所接触的客观现实世界不同，他们从中所获得的数学经验、数学知识以及关于这些知识的结构有所不同，这就造成每个学生的数学现实世界的差异。因此，教师的任务在于了解每个学生的"数学现实"，并由此出发组织教学发展学生的"数学现实"。

现实的数学教育，就是在教学过程中，教师充分利用学生的认知规律、已有的生活经验和数学的实际，灵活处理教材，根据实际需要对原材料进行优化组合，通过设计与生活现实密切相关的问题，帮助学生认识数学与生活的密切联系，提高学生从现实中提出问题和应用数学解决问题的能力，以实现发展学生"数学现实"的目的。

2. 数学化

弗赖登塔尔认为，公理化、形式化以及模式化等这些发展数学的过程统称为数学化。所谓数学化，就是人们在观察、认识和改造客观世界的过程中，运用数学的思想和方法来分析和研究客观世界的种种现象并加以整理和组织的过程。简单地说，数学地组织现实世界的过程就是数学化。

数学化的对象包括现实世界的客观事物和数学本身。对客观世界进行数学化的结果是数学概念、运算法则、公式、定理和为解决具体问题而构造的数学模型等；对数学本身进行数学化，既可以是某些数学知识的深化，也可以是对已有的数学知识进行分类、整理、综合、构造，以形成不同层次的公理体系和形式体系，使数学知识体系更系统更完美。任何数学都是数学化的结果。

数学化可以分为水平数学化和垂直数学化。水平数学化是将同一问题在水平方向扩展，如从现实中找出数学的特性，或用不同方式将同一个问题形式化或直观化，在不同问题中识别其同构的方面以及将一个现实问题转化为数学问题或已知的数学模型等；垂直数学化是指将某一问题垂直地加以深入，如用公式表示出某个关系，证明了一个定理，采用不同的模型或对模型进行加强或调整，以及形成一个新的数学概念或建立起由特殊到一般化的理论。

弗赖登塔尔认为，学生学习数学的过程，就是学习"数学化"的过程，就是将学生的数学现实进一步提高、抽象的过程。在最低水平上，应让他们学习如何将非数学事物数学化，根据客观现实形成数学概念、构造数学模型等，以保证数学的应用性。在较高水平上，应让他们学习如何构造数学内容，数学化数学本身。"数学化"是一个发展的过程，学生学习数学化也是一个发展的过程。一般来说，在一个层次上进行的数学化的结果往往成为下一层次的研究对象，通过重新组织和扩充，又提高到一个新的水平。在这个过程中，学生在学会数学化的同时也学会了一定的数学知识，在进行数学化的技能、技巧和方法增长的同时，他的数学知识财富也在不断扩充。

3. 有指导的再创造

弗赖登塔尔指出，有两种数学，一种是现成的或完成的数学，另一种是活动的或创新的数学。完成的数学以形式演绎的面目出现在人们面前，它完全颠倒了数学的实际创造过程，给予人们的是思维的结果；活动的数学是数学家发现数学的过程的真实体现，它表明数学是一种艰难而又生动有趣的活动。传统数学教育传授的是现成的数学，它堵塞了学生再发现、再创造数学的通道，是违反教学法的；真正的数学教育应反其道而行之，教活动的数学，教学生像数学家那样用创造的方法去学习。

弗赖登塔尔认为，数学的根源在于普通的常识，数学实质上是人们常识的系统化，因而每个学生都可能在一定的指导下，通过自己的实践活动来获得数学知识。他还反复强调，学一个活动的最好办法是做。"如果将数学解释为一种活动的话，那就必须通过数学化来教数学、学数学，通过公理化来教与学公理系统，通过形式化来教与学形式体系"，也就是说学生应该再创造数学化，在做数学中学习数学，在创造数学中学习数学。

以学习平行四边形概念为例，教师可以出示一系列的平行四边形的图形或实际例子，学生会发现许多共性，如对边平行、对角相等、邻角互补、对角线互相平分等大量重要的性质。接着学生还会发现这些性质之间的联系，于是就开始了逻辑地组织，最终会发现由其中的一个性质就可导出所有其他的性质，由此，学生就抓住了形式定义的含义、它的相对性以及等价定义的概念。通过这样的过程，学生学会了定义这种数学活动，而不是将定义强加于他。

"再创造"不是去机械地重复历史，学生的"再创造"可以说是重复人类学习数学的过程，但并非按照它的实际发生过程，而是其简约形式，主要是其中重要的数学化过程。"再创造"是在特定的教学环境下的创造，创造的自由性已被"再"加以了限制，而且学生在被指导下的"再创造"会更容易更有效。因此，数学教学中提倡的是"有指导的再创造"。在教学中，教师应通过指导、借助"再创造"将学生带到数学化及有关数学活动中，让学生在亲身经历中获得自己的乐趣并达到教师的要求，从中锻炼与培养学生的创新观念和创造精神。

4.思想实验教学法

弗赖登塔尔所倡导的思想实验教学法即苏格拉底方法，是指在一个教师或教科书作者的头脑里，想象有一个或是一群主动的学生，设想如何教他们，如何应对学生可能有的各种反映，并且根据这些想象中的学生的活动来决定教学的方法。在思想实验教学法中要求教师完成如何启发引导学生，如何促进学生实现"再创造"的全过程。但在实际教学中，要让学生感觉所教的东西都是在上课的过程中产生的，是在学生的眼前发生的，而不是教条式的灌输，教师只起到了辅助的作用。

（二）波利亚的数学教育理论

美籍匈牙利数学家乔治·波利亚（George Polya，1887—1985）曾任法国科学院、美国科学院和匈牙利科学院的院士，1940年移居美国，1942年起任美国斯坦福大学教授。他一生发表200多篇论文和许多专著，在数学的许多领域有精深的造诣。由于他在数学教育方面的成就和对世界数学教育所产生的影响，在他93岁时，还被ICMI（国际数学教育大会）聘为名誉主席。

波利亚关于数学教育的论著主要有《怎样解题》（1944）、《数学的发现》（1954）和《数学与猜想》（1961）。这些书被译为多种文字出版，其中《怎样解题》一书被译成17种文字，仅平装本就销售了100万册以上。著名数学家范·德·瓦尔登在1952年2月2日瑞士苏黎世大学的会议致辞中说："每一个大学生，每个学者，特别是每个老师都应该读读这本引人入胜的书。"波利亚的这几本世界数学教育名著，对世界数学教育产生了深刻的影响。

1. 波利亚的数学教育思想

（1）教育目的。关于数学教育目的，波利亚认为，"首要的是要教会年轻人思考"，这是他长期坚定的信念。"教会学生思考"，意味着数学教师不只是传授知识，还应该努力发展学生运用所学知识的能力，教学中应该强调技能技巧、有益的思维方式和得法的思维习惯。而解题教学有助于培养学生"有目的的思考"和"创造性的思考"，有助于学生掌握思维方法，形成良好的思维习惯。因此，波利亚认为，解题是数学课中最有用的精华，数学课的主要目的之一就是提高学生的解题能力。

在数学教育目的中，波利亚始终非常重视对学生的好奇心、兴趣、情绪、意志、毅力等非智力品质的培养。波利亚还强调，数学教学既要使每个学生获得教益（尤其是思维方面），又要使每个有数学天资的学生对数学感兴趣，引导其个别发展。这也就是把大面积的学生数学素质的提高与未来数学工作者（甚至数学家）的培养结合起来。

（2）教学艺术。波利亚明确指出，教学是一门艺术，他认为：教学与舞台艺术有许多共同之处。例如，你要给全班学生讲解一道证明题，这道题你已经教过不知多少遍了，你十分熟悉这段教材，对这个证明你已经兴奋不起来了。但是，请你不要把自己的这种情绪流露出来，要是你显得有些厌烦无趣，那全班学生都会厌烦的。证明一开始，你要装得很兴致勃勃的样子；证明过程中，要装得自己有许多灵机和高招；最后证明完时，要装得十分惊奇，就如出乎意料一般，显出得意扬扬的表情。有时，一些学生从你的教学态度上学到的东西比你要讲的东西还多一些，为此，你应该略作表演。

教学与音乐也有共同点，数学教学不妨吸取音乐创作中预示、展开、重复、轮奏、变奏等手法。波利亚还认为，教学时而可能接近诗歌，时而又可能接近通俗，只要能使学生熟悉数学的途径，就要考虑采用。

（3）学与教的三个原则。每个教师都有自己的教学方式方法，但都得遵循一些基本的原则，而这些原则应当建立在数学学习原则的基础上。波利亚提出了三条学与教的原则：

①主动学习原则。学习应该是积极主动的，不能只是被动或被授式的，学东西的最好途径是亲自去发现它。亲自发现和思考会使自己体验到思考的

紧张和发现的喜悦，有利于养成正确的思维习惯。所以，为了使学习富有成效，必须主动思考，独立地在所学习的材料中发掘现有条件下能发掘出的尽可能多的东西。作为教师，就应当让学生积极地对阐明他们要解决的问题做出自己的一份努力。

②最佳动机原则。如果学生没有行动的动机，就不会去行动。数学学习的最佳动机是对数学知识的内在兴趣，最佳奖赏应该是聚精会神的脑力活动所带来的快乐，一旦学生尝到了数学的乐趣，数学就可能成为他的一种爱好，甚至终身职业。教师的职责是激发学生的最佳动机，使学生信服数学是有趣的，相信所讨论的问题值得花一番工夫。教师决不能用大量不加选择的题目充满教学时间，以致扼杀学生的兴趣。要注意题目的选取、阐述、分量以及如何以适当的方式将题目摆在学生的面前，问题应尽量联系学生的日常经验，使其看起来富有意味或有实用价值，要避免不顾学生的情绪、兴趣而随意按顺序点题的做法。

③循序阶段原则。康德说过："一切人类知识以直观开始，由直观进至概念，而终于理念。"波利亚对这句名言的体会是"学习过程从行动和感知开始的，进而发展到词语和概念，以养成合理的思维习惯而告结束"。具体地说，可以将学习过程分为三个阶段：

第一阶段，探索阶段——联系着行动和感知，并且是在直觉和启发的水平上发展的。

第二阶段，阐明阶段——引入术语、定义、证明等，提高到概念水平上。

第三阶段，吸收阶段——将所学的知识在头脑中消化，吸收到自己的知识系统中来，扩大自己的智力范围，为今后应用知识铺平道路，同时把知识进一步推广。

教学要遵循学习规律——循序阶段性，为了使学习过程富有成效，探索阶段应该先于语言表达（如概念形成之前），而所学知识最终应融入学生的整体智慧之中。新知识的出现不能从天而降，应联系学生的现有知识、日常经验，给学生"探索阶段"——让学生重走知识形成中的重要的几步。学习新知识后，要把新知识用于解决一些新问题或更简便地去解老问题，建立新旧知识的联系，通过应用巩固新知识，使学生对原有知识结构看得更清晰并对其进行扩充，形成新的知识结构，深深扎根于学生的头脑之中。

2. 波利亚的数学解题思想

波利亚认为，学生除必须掌握逻辑分析方法外，还必须掌握探索性的思维方法。波利亚致力于探索解题过程的一般规律，将他自己数十年的教学与科研经验集中体现在"怎样解题表"上。

"怎样解题表"主要包括弄清问题、拟定计划、实现计划、回顾四个步骤，这似乎与平常数学解题的审题、解题、验算差不多，但实质上有着很大差别，特别表现在"拟定计划"和"回顾"两个步骤上。"拟定计划"是通过启发性的问题调动起学生头脑中已有的知识和经验，引发学生联想、想象，采用一系列化归的手段，使解题思路明朗。"回顾"不仅是看计算是否正确、推理是否合理，而且是拓宽学生解题思路的重要步骤，更重要的还是学生自我反省的过程，这个反省过程正是学生的数学认知结构发展中所不可缺少的。平常数学解题恰恰缺少了这"启发"和"反省"的过程。

波利亚的"怎样解题表"就好像是一位循循善诱的老师在通过一连串的启发性问题启发学生去思维，去联想，帮助学生寻找解法。学生在这样的解题过程中，思维受到了有素的训练。久而久之，不仅可以提高解题能力，养成良好的思维习惯，还会获得比任何具体的数学知识更重要的东西。

第二章 高校数学新课程设计的理论与实施

自 20 世纪末起，世界各国逐步开始进行数学课程的新一轮改革，我国也在 20 世纪末和 21 世纪初逐步开展了新一轮的数学课程改革。本章我们将从数学新课程目标设计、数学新课程内容设计、数学新课程实施三个视角讨论高校数学新课程设计的理论与实践问题。

第一节 我国数学新课程目标设计

国家层面上的数学新课程改革，当始于数学课程目标与标准的定位与设计。为此，我们将从数学新课程的总目标设计、分类目标设计、内容标准设计等三个方面进行探讨。

下面我们分别介绍我国义务教育阶段和普通高校数学新课程的总目标设计。

一、义务教育阶段数学新课程的总目标设计

作为数学课程标准的核心内容，数学课程目标反映了我国义务教育阶段对未来公民在与数学相关的基本素养方面的要求，也反映了数学课程对学生可持续发展的教育价值。它从根本上明确了"学生为什么学数学""学生应当学哪些数学"和"数学学习将给学生带来什么"等有关数学课程的基本要素。为此，我们要从以下视角理解和把握总目标设计：

1. 获得适应未来社会生活和进一步发展所必需的重要数学知识以及基本的数学思想方法和必要的应用技能

在这一目标的阐述中，对数学知识的理解发生了变化——数学知识不仅包括"客观性知识"，即那些不因地域和学习者而改变的数学事实，还包括从属于学生自己的"主观性知识"，即带有鲜明个体认知特征的个人知识和数学活动经验。学生的数学活动经验反映了他对数学的真实理解，形成于学生的自我数学活动过程之中，伴随着学生的数学学习而发展，因此应当成为学生所拥有的数学知识的组成部分。

2. 初步学会运用数学的思维方式去观察、分析现实社会，去解决日常生活中和其他学科学习中的问题，增强应用数学的意识

这个目标，反映了将义务教育阶段的数学学习定位于促进学生的整体发展，培养学生"用数学的眼光去认识自己所生活的环境与社会"，学会"数学地思考"，即运用数学的知识、方法去分析事物、思考问题。新的数学课程将不再首先强调是否向学生提供了系统的数学知识，而是更为关注是否向学生提供了具有现实背景的数学，包括他们生活中的数学、他们感兴趣的数学和有利于他们学习与成长的数学。

3. 体会数学与自然及人类社会的密切联系，了解数学的价值，增进对数学的理解和学好数学的信心

这一目标表明，好的数学课程应当使学生体会到：数学是人类社会的一种文明，它在人类发展的昨天、今天和明天都起着巨大的作用。我们学习的数学绝不仅仅存在于课堂上、考场中，它就在我们的身边。学好数学不是少数人的专利，而是每一个学生的权利。在整个义务教育课程结构中，数学不应当被作为一个"筛子"——将"不聪明"的学生淘汰出局，将"聪明"的学生留下。数学课程是为每一个学生所设的，每一个身心发育正常的学生都

能够学好数学，增强学好数学的信心。

4.具有初步的创新精神和实践能力，在情感态度和一般能力方面都能得到充分发展

这一目标表明，从现实情境出发，通过一个充满探索、思考和合作的过程学习数学，收获的将是自信心、责任感、求实态度、科学精神、创新意识、实践能力等远比升学重要的公民素质。

所以，相对于以往的数学课程目标而言，我国义务教育数学课程新标准所设置的课程目标具备更为丰富的内涵和更为合理的结构，与国家的复兴与发展联系得更为密切。

二、普通高校数学新课程的总目标设计

数学课程目标反映了社会、数学、教育的发展对数学教育的要求，体现的是不同性质、不同阶段的教育价值。因此，数学课程目标是对教师教学、学生学习所提出的明确要求。

我们要根据高校阶段的教育价值和数学课程的基础性，考虑到社会、数学与教育的发展对人才培养的要求、对数学教育的要求来确定数学课程目标。普通高校数学课程新标准所确定的高校数学课程总目标是"使学生在九年义务教育数学课程的基础上，进一步提高作为未来公民所必要的数学素养，以满足个人发展与社会进步的需要"，这个总目标与国内外的数学课程总目标相比，有新的发展和进步。学校教育是一种有目的、有意识的教育活动，它反映了社会对未来人才培养在知识、技能、能力、意识、态度、价值观、情感等方面的要求。在确定总目标以后，普通高校数学新课标具体目标包括知识与技能、过程与方法、在过程中形成能力和意识、情感、态度、价

值观等方面的内容。

确定了数学新课程总目标，也就明确了数学教育进展的方向，即"进一步提高作为未来公民所必要的数学素养，以满足个人发展与社会进步的需要"。因此，在对课程内容的选择、要求、处理上，都有了较大的变化，增加了算法、统计案例、推理与证明、框图等新的内容，对原有内容做了若干删减。此外，在处理方法、要求和侧重点上也有较大的变化，强调数学课程的数学价值和教育价值，突出学生的发展和社会需要。

对教师的教授与学生的学习明确提出了六条具体目标，这六条目标基本上可以分为三个层次：第一个层次是知识与技能；第二个层次是过程与方法，具体体现就是在这个过程中把握方法、形成能力，在这个过程中发展意识，比如应用意识、创新意识；第三个层次就是情感、态度和价值观，一种对于人的全面和谐发展和社会发展的更高层次的要求。

但是，它们之间又是不可分割、互相联系、互相融合的，是一个整体，体现了过程与结果的有机结合：因为方法的把握、能力的形成必须以知识作为载体，以技能作为基础，而知识的学习和技能的形成又依赖于方法的把握和具备的各种能力；在发展能力的过程中逐渐形成意识，在参与数学活动的过程中，提高学习兴趣，提高学习数学的信心，形成积极的学习态度，认识数学的价值和数学的教育价值，崇尚理性精神，培养良好的个性品质，进一步树立辩证唯物主义和历史唯物主义的世界观。知识与技能，过程与方法，情感、态度和价值观三者的有机结合，是我国普通高校数学新课程的基本理念，其中，明确提出对"情感、态度和价值观"方面的要求，以及三者的有机结合是一个发展，是对数学学习和数学教育本质深入研究的体现。

三、数学新课程的内容标准设计

（一）义务教育阶段数学新课程的内容标准设计

1. 内容标准的结构

义务教育阶段数学新课程的内容标准部分针对三个学段分别展开。为了体现义务教育阶段数学课程的整体性，新课标通盘考虑了九年的课程内容；同时，根据儿童发展的生理和心理特征，将九年的学习时间具体划分为三个学段：第一学段从一年级到三年级，第二学段从四年级到六年级，第三学段从七年级到九年级。在各个学段，新课标安排了"数与代数""空间与图形""统计与概率""实践与综合应用"四个学习领域。课程内容的学习，强调学生的数学活动，发展学生的数感、符号感、空间观念、统计观念，以及应用意识与推理能力。

针对每个学段中的四个学习领域，义务教育阶段数学新课标分别阐述各学习领域的一般目标，然后分别阐述每个学习领域中各部分内容的具体目标，最后结合具体目标给出一定的案例。

2. 内容标准的特点

一方面，义务教育阶段数学新课标继承我国数学教育的传统，重视学生对必要的基础知识和基本技能的熟练掌握；另一方面，它又考虑到时代的发展、数学的发展，倡导义务教育的数学课程应该实现人人学有价值的数学，人人都能获得必需的数学，不同的人在数学上得到不同的发展。

（1）"人人学有价值的数学"。倡导新数学课程要向学生提供现实的、有趣的和富有挑战性的数学学习内容，这些内容将成为学生主动地从事观察、实验、猜测、验证、推理与交流的主要素材。例如，第一学段（一至三年级）"数与代数"内容领域，关于"常见的量"的具体目标包括：在现实情境中，认识元、角、分，并了解它们之间的关系；能认识钟表，了解 24 时计时法；结合自己的活动经验，体验时间的长短。这些具体目标强调，在教学中要引导学生联系自己身边具体、有趣的事物，通过观察、操作、解决问题等丰富的活动，感受数与量的意义。

义务教育阶段数学新课程的内容标准进一步强调，数学内容以"问题情境—建立模型—解释、应用与拓展"的基本模式展开，这种模式更适合学生在有限的学习时间里接触、了解和掌握数学。"有价值的数学"与学生的现实生活及以往的知识体验有密切的关系。例如，第二学段（四至六年级）的"数与代数"内容领域，关于"数的认识"的具体目标包括进一步体会数在日常生活中的作用，会运用数表示事物，并能进行交流等；关于"正比例、反比例"的具体目标，要求学生在实际情境中理解什么是按比例分配，并能解决简单问题，通过具体问题认识成正比例、反比例的量，等等。

（2）"人人都能获得必需的数学"可以理解为，数学课程应该对学习内容进行精选，满足学生适应未来社会生活和进一步学习的需要。义务教育阶段数学新课程较大幅度地降低了繁杂的数字运算要求，如删除带分数的四则运算，降低代数式运算、几何证明的要求，淡化了某些非数学本质的术语和概念（如乘数与被乘数）。与此同时，数学新课程还增加了统计与概率、空间与图形等密切联系学生现实生活、反映社会发展需要的新内容，并设立了"实践与综合运用"，以促使学生体会各部分内容之间的联系，发展其综合解决问题的能力。另外，要使学生认识到数学的价值，了解数学在文化中的地位和在社会生活中的作用。例如，在第三学段（七至九年级）的"课题学习"

内容领域中明确指出:在本学段中,学生将探讨一些具有挑战性的研究课题,发展应用知识解决问题的意识和能力;同时,进一步加深对相关数学知识的理解,认识数学知识之间的联系。

(3)"不同的人在数学上得到不同的发展"是指数学课程要面向全体学生,让不同的学生在数学学习上都能成功。新的数学课程具有较大的弹性,要求最大限度地满足每个学生的数学需要,最大限度地发展每个学生的智慧潜能,而且能为有特殊才能和爱好的学生提供更多的发展机会。要关注在学习上暂时有困难的学生,不让一个学生掉队。

义务教育阶段数学新课程对教学目标的描述更多地从学生发展角度展开,在对基本知识、基本技能做明确的目标规定后,更多的描述是使用"探索,体验,体会"等词汇,便于我们在教学中针对不同的学生群体选择不同程度的内容。

(二)普通高校数学新课程的内容标准设计

1. 内容标准的结构

这部分针对必修课程和选修课程的各个模块或者专题,说明应该关注的学习内容、建议的课时数以及相关的内容案例。其中构成必修课程的五个模块的内容为:

(1)数学1:集合、函数概念与基本初等函数I(指数函数、对数函数、幂函数);

(2)数学2:立体几何初步、平面解析几何初步;

(3)数学3:算法初步、统计、概率;

(4)数学4:基本初等函数II(三角函数)、平面上的向量、三角恒等变换;

（5）数学 5：解三角形、数列、不等式。

上述内容覆盖了高校阶段传统的数学基础知识和基本技能的主要部分，但是在保证打好基础的同时，要强调这些知识的发生、发展过程和实际应用，而不在技巧与难度上做过高的要求。

构成选修课程的 4 个系列的内容分别为：

（1）系列 1（由 2 个模块组成）：

选修 1-1：常用逻辑用语、圆锥曲线与方程、导数及其应用；

选修 1-2：统计案例、推理与证明、数系的扩充与复数的引入、框图。

（2）系列 2（由 3 个模块组成）：

选修 2-1：常用逻辑用语、圆锥曲线与方程、空间中的向量与立体几何；

选修 2-2：导数及其应用、推理与证明、数系的扩充与复数的引入；

选修 2-3：计数原理、统计案例、概率。

（3）系列 3（由 6 个专题组成）：

选修 3-1：数学史选讲；

选修 3-2：信息安全与密码；

选修 3-3：球面上的几何；

选修 3-4：对称与群；

选修 3-5：欧拉公式与闭曲面分类；

选修 3-6：三等分角与数域扩充。

（4）系列 4（由 10 个专题组成）：

选修 4-1：几何证明选讲；

选修 4-2：矩阵与变换；

选修 4-3：数列与差分；

选修 4-4 ：坐标系与参数方程；

选修 4-5 ：不等式选讲；

选修 4-6 ：初等数论初步；

选修 4-7 ：优选法与试验设计初步；

选修 4-8 ：统筹法与图论初步；

选修 4-9 ：风险与决策；

选修 4-10 ：开关电路与布尔代数。

2. 内容标准的特点

我国新一轮普通高校数学课程改革有其自身的新理念，它在内容标准方面的反映，主要体现出以下三个方面的特点：

（1）课程内容的基础性。上述必修课程的五个模块的内容是每一个高校学生都要学习的。其中算法是新增加的，而向量、统计和概率是近些年来不断加强的内容，其他内容基本上都是以往高校数学课程的传统基础内容，当然有些内容在目标、重点、处理方式上发生了变化。这些内容对所有的高校学生来说，无论是毕业后直接进入社会，还是进一步学习有关的职业技术，或是继续升大学深造，都是非常必要的基础。

选修课程分为四个系列，是为了给将来发展方向不同的学生提供更宽泛、更进一步的基础。其中，选修系列 1 是为准备在人文、社会科学方面发展的学生设置的，选修系列 2 是为准备在理工、经济方面发展的学生设置的，选修系列 3 和系列 4 是为所有学生进一步拓宽或提高数学素养而设置的。这些内容仍然是为学生的进一步发展奠定基础，这样安排更加方便学生按照自己的意愿来规划个人的进一步发展，为不同发展方向的学生提供不同的基础。

（2）课程设计的选择性。必修课程和选修课程的各个系列全都划分成模块或专题，是为了方便学生选择课程内容、制定学习计划。其中，必修课程、选修系列1和系列2的每一个模块，都安排了36课时（约半学期）的学习内容，选修系列3和系列4的每一个专题，都安排了18课时的学习内容。每个学生在学期开始时，可以根据自己的学习基础和发展方向，选择不同模块的内容，制订各自不同的学习计划，还可以在学习一个阶段之后，根据自己的学习情况，调整、变更学习计划。这样就为不同学生的发展打好不同的基础，提供了充分的选择性。

（3）学习方式的多样性。在内容标准这部分还涉及这次高校数学课改的亮点，即学习方式的多样性。高校数学课程设置了数学探究、数学建模、数学文化内容，这些内容以不同的形式渗透在各个模块和专题内容中，它们将为学生提供更广阔的发展空间，也为改变学生的学习方式提供了素材。普通高校数学新课标要求每个学期都至少有一次完整的数学探究、一次数学建模活动，而数学文化内容要与各模块的内容有机结合。这些内容的增加，使得数学课程的内容更加丰富，更具有立体感。

第二节　我国数学新课程内容设计

数学课程目标确定以后，就要进行数学新课程内容设计的定位。为此，我们将从数学新课程内容设计的基本要求、内容选择两个方面进行探讨。

一、数学新课程内容设计的基本要求

在数学课程内容设计时要考虑如下几个方面的问题：

（一）数学课程内容的设计应体现学生的发展

在数学课程的内容设计上存在着三种不同的价值取向：强调以儿童为中心的价值取向，突出知识体系，强调课程的社会适应性。笔者认为数学课程的设计应平衡这三者之间的关系，但平衡并不等于平均，应以学生的发展为中心，在保证数学知识科学性的基础上，兼顾社会的适应性。为此，我们需要做到以下几点。

首先，数学课程的内容应是现实的。内容的现实性突出了数学与社会的联系，同时也使学生感觉到比较熟悉。例如，方程部分所选用的"商店打折"和"地区人口统计"等都是取材于学生的现实生活，使他们感觉到数学就在身边。

其次，数学课程的内容应是有趣的。数学内容的趣味性应与学生的年龄相适应，小学低年级课程内容的呈现可以适当采用游戏的方式，使学生在玩中学，到了小学高年级和高校阶段及普通高校阶段应逐步加强数学材料本身的趣味性。

最后，数学课程的内容应是富有挑战性的，能激发学生的思维。此外，还要注意数学知识的体系和科学性问题，强调数学知识的逻辑体系和科学性并不是要求严格的形式化术语，而是采用适合学生接受水平的形式化术语和内容。

（二）课程内容设计应体现合科思想

1. 合科课程的类型

数学合科的课程类型划分是依据各数学方法思想、问题和学生心理发展各个方面的侧重知识来确定的。以知识或思想为主体的数学课程，强调的是用数学某个知识或思想来统整其他内容。

以主题或解决问题为主线的数学课程，强调的是围绕一些社会生活或数学本身的一些问题来组织内容。以某主题为中心综合若干几何、代数、概率统计等方面的内容，构成系统化的教材。

以学生心理活动过程为主线（强调学生为主）。这种类型不强调知识的系统性，而注重儿童的心理过程或活动训练，多见于小学低年级的综合数学教材。高校数学课程设计也要充分考虑高校学生的身心发展水平和个性偏爱的需要。

以上分类是相对的，有时很难将某种课程归入某一种类型，只能说它倾向于某种类型。所以，我们不能简单地将某种教材归入某一类，实际上，许多教材体现了以上三方面的要求。教材内容的编排究竟以哪种为主，要取决于学生的年龄阶段、知识的特点和当地的实际。

2. 数学新课程中的合科思想

首先，数学新课程要求以学生的发展为中心来组织教材内容。这主要体现在数学新课程的发展性目标领域，将学生的发展放到了首位，突出学生的情感、态度和价值观。由于发展性领域的情感、态度和价值观是综合性的，因此，必须通过综合性的数学课程来体现。

其次，数学新课程强调了数学知识之间的内外综合。数学内部的综合不仅仅体现在"联系与综合"这部分内容，而且各知识块本身都应该具有联系性。此外，这种数学知识的综合还体现在用数学的思想方法来统整，强调数形意识、数量关系、优化思想、统计思想、估计意识和推理意识来统摄数学的几部分内容。

数学的外部联系，是强调数学与其他学科、数学与社会的联系，实现数学的生活化和大众化。通过"问题情景—建立模式—解释与应用"的基本呈现模式，使学生体会到数学来源于社会，又应用于解决社会中的实际问题。

总之，数学新课程所体现的综合不单单是指前面所提到的三种综合课程之一，而是在充分考虑来自学科、学生、社会三方面的需要的基础上，按新的思路来选择和组织课程内容。

（三）课程内容的设计应将基础性与发展性相结合

数学新课程是要为社会培养具有基本数学素养的合格社会公民，因此，应该使每一个学生都能获得就业和进一步学习所必需的数学基础知识，因此数学课程的设计必须体现基础性的要求。

同时，数学课程设计还应体现学生的发展性。体现发展性包含两方面的含义：一方面是使所有学生除了知识以外，在能力和非智力因素方面都有所发展；另一方面是不同的学生在数学上得到不同的发展。前者是一般性的，后者则更体现学生的个体差异。为了体现这两个方面，课程内容应充分展示数学知识的发生、发展过程，使学生在探索的过程中得到数学上的发展。数学知识来源于实际，因此在导入知识时，要从实际问题出发，让学生发现其中的数学规律。

此外，这种发展性是要求每位学生在获取基本知识和技能的同时，在情感、态度、价值观和一般能力等方面都能得到充分的发展。

（四）数学课程内容设计要适度反映现代数学的发展

近几十年以来，现代数学的发展日新月异，不仅出现了许多数学分支，而且数学应用的范围也大大拓宽，数学的方法已被用于自然科学、社会科学的各个领域。

现代数学的变化冲击着中小学数学课程的内容，要求中小学数学内容有相应的变化：

1. 重视数学的应用和数学建模

（1）恰当认识数学课程中的应用意识。数学课程中强化"应用"既是一个复杂问题，又是一个长期未能解决好的问题。笔者认为，真正的数学应用应该是用数学来为现实服务，是用数学去描述、理解和解决学生熟悉的现实问题。这种问题不仅有社会意义，而且不局限于单一的教学，还要用到学生多方面的知识，这与用"现实"的例子来为数学教学服务的情况是完全不同的。

（2）非形式化：数学课程实施中的新颖处理方法。首先，数学课程内容设计要增强非形式化的意识。"不要把生动活泼的观念淹没在形式演绎的海洋里""非形式化的数学也是数学"。例如，极限概念可以在小学圆面积公式的引入、高校平面几何中圆周率的近似值的求法、高校代数等比数列求和等处逐步渗入，在大学微积分中正式引入。只要不在形式化上过分要求，学生是可以接受并能加以运用的。

其次，应恰当掌握对公式推导、恒等变形及计算的要求。计算机的普及使21世纪对手工计算的要求大大降低。从增强用数学的意识讲，也应降低对公式推导与恒等变形的要求，要充分利用几何直观、形象地刻画数学的应用过程。

（3）数学建模：数学课程实施中的基本处理方法。要使数学课程中应用意识的增强落到实处，数学建模是一条很好的途径。数学建模要求学生能把实际问题归纳（或抽象）成数学模型（诸如方程、不等式等）加以解决。从数学的角度出发，数学建模是对所需研究的问题做一个模拟，舍去无关因素，保留其数学关系以形成某种数学结构。从更广泛的意义上讲，建模是一种技术、一种方法、一种观念。目前，从全球范围来看，世界各国课程标准都要求在各年级水平或多或少地含有数学建模内容，但各国的具体做法又存在着很大差异，主要有以下几种：

①两分法：数学课程方案由两部分构成。前一部分主要处理纯数学内容；后一部分处理的是与前一部分纯数学内容相关的应用和数学建模，它有时是现成模型结果的应用，有时是整个建模过程。这种做法可简单地表示为：数学内容的学习—数学应用和建模。

②多分法：整个教学可由很多小单元组成，每个单元做法类似于"两分法"。

③混合法：在这种做法里，新的数学概念和理论的形成与数学建模活动被设计在一起相互作用。这种做法可表示为：问题情景的呈现→数学内容的学习→问题情景的解决→新的问题情景呈现→新的数学内容的学习→这个新的问题被解决→……

④课程内并入法：在这种做法里，一个问题首先被呈现，随后与这问题有关的数学内容被探索和发展，直至问题被解决。这种做法要注意的是，所呈现问题必须与数学内容有关并容易处理。

⑤课程间并入法：这种做法类似课程内并入法，但又不完全相同，主要因为所呈现问题的解决所需要的知识未必主要是数学知识，可能是其他科目

知识，数学已与其他科目融合成一体，不再单独成一科。显然，这种做法就是"跨学科设计教学法"。

2. 重视概率统计

在当今社会中，有许多不确定的随机现象，投资、贷款、股票、证券、市场预测、风险评估等都有极大的随机性，所以具有概率统计的意识是有必要的。

3. 重视优化思想

寻求优化可以说是人类的一种生存本能，虽然以往的教材中已有许多优化的思想，但并没有将它明晰出来。笔者认为应将这个思想作为数学课程内容中一个非常重要的部分，要把它明确出来。再就是以往的优化思想往往是针对纯数学问题，现在我们所提倡的优化应是有现实背景的，让学生感受到优化的必要性和价值。

（五）数学内容设计要体现信息技术发展的要求

随着科技的发展，计算机广泛地应用于教育，这些因素也深深地影响着数学课程的内容。这种影响主要体现在两个方面：一方面是对传统的数学课程内容的冲击，另一方面是产生的新学科如何安排在课程中。

计算机的出现，改变着传统数学课程的面貌。信息技术的到来所引发的讨论焦点是：计算器能取代哪些运算，符号运算技能对发展代数概念的理解究竟具有什么样的作用，以及在几何领域中演绎思维与直觉思维地位和作用问题。现在正逐步形成一种共识：要用代数的方法，特别是用计算机动态的软件和变换的概念，强化高校的几何内容。

计算机的出现，为数学课程增加了新鲜血液，使得与计算机有关的数学课程充实到中学课程中。各国课程中概率统计存在着一个比较明显的公共部分：以整理数据、分析数据特征为主的描述性统计，以古典概型为主的概率的计算和概率的统计定义（不涉及无穷样本空间和连续性随机变量）。因此，我们才可能认识到："在考虑计算机时代微积分的地位时，我们不能忘记微积分是人类最伟大的智力成就之一，也是每个受过教育的人应该有的知识。"

计算机辅助教学，可以显示和操作二维、三维的形状复杂的数学对象。使用计算机，学生能够解决与他们的日常生活有关的现实问题，能够激发他们对数学的兴趣。计算机不仅提供了一种动态的、画图的手段，还提供了许多有效的途径去表达数学的思想，为理想课程的实现提供了一定的物质条件。随着计算机网络的遍及，出现了数学的远程课程，对于远程课程的基础研究会成为一个新的研究热点。

总之，在数学课程内容的编排时要处理好新旧知识之间的矛盾。教材的内容应面向全体学生，重视数学的应用，重视统一性与区别化，重视数学知识的内外综合，重视数学课程的基础性和发展性。要在现代数学观点指引下，借助于计算机这一有力工具使数学课程面向大众，面向未来。

二、数学新课程的内容选择

（一）义务教育阶段数学新课程的内容选择

作为实现数学课程目标的重要教学资源，数学教科书的素材与特征的定位应以义务教育阶段数学课程标准为基本依据。相对于《数学教学大纲》而言，义务教育阶段数学课程标准在有关数学教育的基本理念方面具备许多明显的新意，这些新意也必然会使教科书的含义、内容与特征都发生较大的变化。

在义务教育阶段数学新课程内容选择方面，既继承传统数学基础知识的相当内容，又对上述变化给出充分反映。这些较大的变化主要体现在以下方面：

1. 数学教科书的素材应当来源于学生的现实

这里的现实既可以是学生在自己的生活中能够见到的、听到的、感受到的，也可以是他们在数学或其他学科学习过程中能够思考或操作的，属于思维层面的现实。因此，学习素材应尽量来源于自然、社会与科学中的现象和问题，而其中应当包括一定的数学价值。

但是，对处于不同学段的学生而言，"现实"的含义是不同的。对第三学段的学生来说，学生的"现实"可能更多地意味着他们生活的社会环境中与自然、人类文明，或与其他学科相关的现象和问题，以及在他们的数学学习过程中所遇到的问题等。因此，一些历史上的数学名题、一些当今社会所发生的现象或事情，都可以成为这一学段学生学习数学的好素材。例如，"车轮为什么都是圆的？"可以用于对圆的起始研究；"电视台需要在本市调查某节目的收视率，每个看电视的人都要被问到吗？对一所中学学生的调查结果能否作为该节目的收视率？你认为对不同社区、年龄层次、文化背景的人所做的调查结果会一样吗？"可以用来感受抽样的必要性，帮助学生体会不同的抽样可能得到不同的结果。而且，随着数学学习的不断深入，这一学段学生的数学活动经验逐渐丰富，也就有可能从事一些"做数学"的活动。因此，一些带有明显数学色彩的事物（问题）就有可能（也应当）成为他们学习数学的素材。例如，"要画一个三角形与已知的三角形全等，需要几个条件？一个、两个、三个？"可以成为学生探究三角形全等条件的出发点。

然而，即使对同一学段的学生而言，考虑到心理方面的自然成熟、数学知识与方法的增加、数学活动经验的丰富等因素，"现实"的含义也会发生变化。比如，九年级学生学习函数时所面对的素材，其"数学味道"就会比七年级学生学习函数时所面对的素材更浓一些，他们所研究的主要对象就不再只是"温度变化的曲线""人口增长的趋势"等，而是那些源于实际问题或数学问题的"一般"数学关系。

2. 介绍有关的数学背景知识

作为学生数学学习的重要资源，教科书也应当承担向学生传递数学文化的重要职责。为此，教科书中应包含一些介绍数学背景知识的辅助材料，如数学史料、一些数学概念产生的背景材料、进一步研究的问题、数学家介绍、数学在现代生活中的广泛应用等，以使学生对数学的发生与发展过程有所了解，激发学生学习数学的兴趣，同时，也使学生体会数学在人类发展历史中的作用和价值。

例如，在第三学段的"数与代数"部分，可以介绍代数及代数语言的历史，并将促成代数兴起与发展的重要人物和有关史料的图片呈现在学生的面前，也可以介绍一些有关正负数和无理数的历史，一些重要符号的起源与演变，与方程及其解法有关的材料（如《九章算术》、秦九韶法），函数概念的起源、发展与演变等内容。

除上述变化之外，义务教育阶段的新数学教科书还应注意以下几点：

第一，教科书必须反映义务教育阶段数学新课程所倡导的基本理念，其内容选择与编排必须以这些理念为基本依据，并形成自身的体系和特色。

第二，有效的数学学习需要丰富的数学课程资源，教科书并非唯一的数学课程资源，还应该包括教学中可以利用的各种教学资料、工具和场所，等等。

第三，教科书的定位应当是"学生数学学习的重要线索"，它不能满足所有学生数学学习活动的需要；教科书应当给教师留下创造的空间，使教师能够根据自己学生的社会环境特征、思维活动水平和数学教学条件去创造最适合自己学生的数学学习活动。

第四，从第二学段起，教科书可以通过设计具体课题和阅读材料等形式引入计算器（函数计算器）、计算机等教育技术供有条件的学生选择使用，使学生将更多的精力投入到有意义的探索性活动中去。例如，可以进行一些复杂的数字计算；探索一些数量关系及函数的性质、图形的性质；可以做一个图形经过轴对称、平移、旋转后的图形；可以利用坐标进行作图，可以从事图案的设计；可以展示丰富多彩的几何图形，可以探索图形的变化规律；还可以收集数据、处理数据、模拟概率实验。

（二）普通高校数学新课程的内容选择

教材是实现课程目标、实施教学的重要资源。高校数学教材的编写，要贯彻高校数学课程的基本理念与要求，为课程的顺利实施提供保证。教材应当有利于调动教师的积极性，创造性地进行教学；有利于改进学生的学习方式，促进他们主动地学习和发展。

1.素材的选取应具有体现数学的本质、联系实际、适应学生的特点

教材中素材的选取，首先要有助于反映相应数学内容的本质，有助于学生对数学的认识和理解，要充分考虑学生的心理特征和认知水平，激发他们学习数学的兴趣。素材应具有基础性、时代性、典型性、多样性和可接受性。

高校学生已经具有较丰富的生活经验和一定的科学知识。因此，教材中应选择学生感兴趣的、与其生活实际密切相关的素材，选择现实世界中的常

见现象或其他科学的实例，展现数学的概念、结论，体现数学的思想、方法，反映数学的应用，使学生感到数学就在自己身边，数学的应用无处不在。例如，在统计内容中，可以选择具有丰富生活背景的案例，展示统计思想和方法的广泛应用；在圆锥曲线部分的内容中，通过行星运动的轨迹、凸凹镜等说明圆锥曲线的意义和应用；在导数部分，通过速度的变化率、体积的膨胀率，以及效率、密度等大量丰富的现实背景引入导数的概念。

2. 新内容在教材编写中的选择与处理

本次高校数学课程改革，引入了一些新的课程内容和新的处理方式，编写教材时应特别留意对它们的处理。

算法是高校数学课程中的新内容之一。教材要注意突出算法的思想，提供实例，使学生经历模仿、探索、程序框图设计、操作等过程，从而体会算法思想的本质，而不应将算法内容单纯处理成程序语言的学习和程序设计。同时，教材还要注意在能够与算法结合的课程内容中融入用算法解决问题的练习，不断加深学生对算法的认识。例如，可以在求一元二次不等式解的内容中融入算法的内容。

普通高校数学新课标还设置了"数学探究""数学建模"和"数学文化"等新的学习活动。教材编写时，应把这些活动恰当地穿插、安排在有关的教学内容中，并注意提供相关的推荐课题、背景材料和示范案例，以帮助学生设计自己的学习活动，完成课题作业或专题总结报告。

选修系列 3、系列 4 教材的编写，应根据各系列的特点以及各专题的具体要求，进行积极的、有意义的、富有创造性的开发与探索。

3. 数学教科书的内容选择要渗透数学文化，体现人文精神

在教材编写中，应将数学的文化价值渗透在各部分内容中，采取多种形

式，如与具体数学内容相结合或单独设置栏目做专题介绍，也可以列出课外阅读的参考书目及相关资料来源，以便学生自己查阅、收集、整理。

4.数学教科书的内容选择要反映现代信息技术与数学课程的整合

随着时代的发展，信息技术已经渗透到数学教学中。教师可以在处理某些内容时，提倡使用计算器或计算机，帮助学生理解数学概念、探索数学结论，还应鼓励学生使用现代技术手段处理繁杂的计算，解决实际问题。现代信息技术不仅在改进学生的学习方式上可以发挥巨大的潜力，而且可以渗透到数学课程内容中来，教材应注意这些资源的整合。例如，可以把算法融入有关数学课程内容中，也可以引导学生通过网络搜集资料，研究数学的文化，体会数学的人文价值。

第三节　我国数学新课程实施

一般认为，课程实施主要包括内容组织、教学实践和评价实施三个重要环节。总体来说，内容组织处于上游环节，教学实践处于中游环节，评价实施处于下游环节。每一环节都有其自身实践的理念与要求，只有三个环节的基本理念相协调一致、基本要求规范而合理，并在实践中处理好有关注意事项，才有可能实现三个环节的和谐而有序，从而实现我国数学新课程实施效应的最优化。下面主要就我国数学新课程实施的有关问题，对这三个主要环节进行探讨。

一、数学新课程实施情境中的内容组织

教材内容组织处于"教育流水线"的上游，教材内容组织的质量直接影响教学实践的效果。下面我们从基本要求和注意问题两个方面来探讨数学新课程的教材内容组织问题。

（一）数学新课程内容组织的基本要求

这里我们主要从较为宏观的层面来分析说明我国本次课程改革中数学新课程内容组织方面的问题。

1. 义务教育阶段数学新课程内容组织的基本要求

义务教育阶段数学新课程的内容组织要充分反映以下要求：

（1）重要的数学概念与数学思想呈螺旋上升。义务教育阶段数学课程标准中提出的目标是学生在学段末最终应达到的目标，而学生对相应知识的理解是逐步深入的，不可能"一步到位"。所以，对重要的数学概念与思想方法的学习应当逐级递进、螺旋上升（但要避免不必要的重复），以符合学生的数学认知规律。

（2）呈现形式应丰富多彩。我们不能假设学生都非常理解学习数学的重要性，并自觉地投入足够的时间与精力去学习数学，也不能单纯依赖教师或家长的"权威"去迫使学生这样做。事实上，我们更需要做的是让孩子们愿意亲近数学、了解数学、喜欢数学，从而主动地从事数学学习。为此，教科书应当根据不同年龄段学生的兴趣爱好和认知特征，采取适合于他们的表现形式，以使得学生对于阅读数学教科书没有枯燥、恐惧感，而产生一种愿意甚至喜爱的积极情感。例如，丰富多彩的图形是空间与图形部分的重要学习素材，教科书应做到图片与启发性问题相结合、图形与必要的文字相结合、计算与推理相结合、数和形相结合，充分发挥图形直观的作用，使教材图文并茂，富有启发性。

（3）体现数学知识的形成与应用过程。教科书的呈现形式应力求体现"问题情境—建立数学模型—解释、应用与拓展"的模式，从具体的问题情境中抽象出数学问题，使用各种数学语言表达问题、建立数学模型、获得合理的解答，并确认知识的学习。这样的呈现方式有利于学生理解并掌握相关的知识与方法，形成良好的数学思维习惯和用数学的意识，感受数学创造的乐趣，增强学好数学的信心，获得对数学较为全面的体验与理解，促进一般能力的发展。

（4）突出知识之间的联系与综合。数学是一个整体，其不同的分支之间存在着实质性联系，这一点应当为学生所认识。因此，教科书要关注数学知识之间的联系——包括同一领域内容之间的相互连接、不同知识领域之间的实质性关联。具体的做法可以是采用混编的形式组织教科书；或选择若干具体课题，以体现数与代数、空间与图形、统计与概率之间的联系，展示数学的整体性。同时，教科书还应关注数学与现实世界、其他学科之间的联系。

（5）给学生提供探索与交流的时间和空间。改进学生的数学学习方式是义务教育阶段数学新课程所提倡的一个改革目标。而"学什么与怎样学是分不开的"，有效的数学学习活动不能单纯地依赖模仿与记忆，动手实践、自主探索与合作交流是学生学习数学的重要方式。教科书应使学生的数学学习过程主要表现为一个探索与交流的过程——在探索的过程中形成自己对数学的理解，在与他人交流的过程中逐渐完善自己的想法。

为此，需要做到以下要求：学生所要学习的数学新知识不应当都以定论的形式呈现；给学生留下自己支配时间的权利；关注对数学证明的理解，发展推理与证明的意识和能力。

（6）内容设计要有弹性，关注不同学生的数学学习需求。教科书应当满足所有学生的数学学习需求。因此，在保证义务教育阶段数学课程标准中所提出的基本课程目标基础之上，教科书还应考虑到学生发展的差异和各地区发展的不平衡性，在内容的选择与编排上体现一定的弹性，满足不同学生的数学学习需求，使全体学生都能得到相应的发展。例如，可以就同一问题情境提出不同层次的问题或开放性问题，以使不同的学生得到不同的发展；提供一定的阅读材料供学生选择阅读；课后习题的选择与编排应突出层次性；在设计课题学习时，所选择的课题要使所有的学生都能参与，在全体学生获得必要发展的前提下，不同的学生可以获得不同的体验。教科书可以编入一些拓宽知识的选学内容，但增加的内容应注重数学思想方法，注重学生的发展，有利于学生认识数学的本质与作用，增强对数学的学习兴趣，而不应该片面追求解题的难度、技巧和速度。

2. 普通高校阶段数学新课程内容组织的基本要求

普通高校阶段数学新课程的内容组织要充分反映以下要求：

（1）体现知识的发生发展过程，促进学生的自主探索。课程内容的呈现，应注意反映数学发展的规律，以及人们的认识规律，体现从具体到抽象、从特殊到一般的原则。例如，在引入函数的一般概念时，应从学生已学过的具体函数（一次函数、二次函数）和生活中常见的函数关系（如气温的变化、出租车的计价）等入手，抽象出一般函数的概念和性质，使学生逐步理解函数的概念；在立体几何内容的教学中，可以用长方体内点、线、面的关系为载体，使学生在直观感知的基础上，认识空间点、线、面的位置关系。

教材应注意创设情境，从具体实例出发，展现数学知识的发生、发展过程，使学生能够从中发现问题，提出问题，经历数学的发现和创造过程，了解知识的来龙去脉。

教材应为引导学生自主探索留有比较充分的空间，有利于学生经历观察、实验、猜测、推理、交流、反思等过程。编写教材时，可以通过设置具有启发性、挑战性的问题，激发学生进行思考，鼓励学生自主探索，并在独立思考的基础上进行合作交流，在思考、探索和交流的过程中获得对数学较为全面的体验和理解。

（2）体现相关内容的联系，帮助学生全面地理解和认识数学。数学各部分内容之间的知识是相互联系的，学生的学习是循序渐进、逐步发展的。教材编写时应充分注意这些问题，不要因为高校数学课程内容划分成了若干模块，而忽视相关内容的联系。

为了培养学生对数学内部联系的认识，教材需要将不同的数学内容相互沟通，以加深学生对数学的认识和对本质的理解。例如，教材编写中可以借助二次函数的图象，比较和研究一元二次方程、不等式的解；比较等差数列与一次函数、等比数列与指数函数，发现它们之间的联系等。

（3）教材的编写要深入浅出。我国新一轮普通高校数学课程改革在课程内容上有重大变化，增加了一些新的内容，教材编写能否做到深入浅出，事关本次课程改革的成败。特别是选修系列3、系列4中的一些专题，涉及现代数学的有关内容，教师也不太熟悉，编写教材时，对这些内容的处理要做到直观、具体、有趣，突出本质和思想，避免形式化的处理。

（4）教材要有各自的特色和风格。在普通高校数学课程标准中，对内容的设置是分层次、螺旋式展开的。各教材应在高校数学内容的整体结构上和各模块内容的结构上体现出自己的编写风格和特色。数学探究、数学建模、数学文化是高校数学课程中新设置的内容，各教材在这些内容的题材选取、在教材中的呈现以及学习活动的设计上也应突出特色。同时，教材的文字表述、版式设计要生动活泼，能引起学生的兴趣。

（5）内容设计要有一定的弹性。教材编写时，内容设计要具有一定的弹性。例如，根据学生特点和兴趣，教材可以在高校数学课程的相关内容中安排一些引申的内容，这些内容可能是一些具有探索性的问题，也可能是一些拓展的数学内容，或一些重要的数学思想方法。选择和安排这些内容时，要注意思想性并能反映数学的本质，但这些内容不做评价要求。

（二）数学新课程内容组织应注意的问题

1. 义务教育阶段数学新课程内容组织应注意的问题
义务教育阶段数学新课程内容组织要注意处理以下几个方面的问题。

（1）要注意联系生活实际。数学课程的生活化是新一轮课程改革的亮点。根据学生身心发展规律，儿童有一种与生俱来的以自我为中心的探索欲和好奇心，要充分适应和利用儿童的这种心理特点。因此，数学课程在选择和组织课程内容时，要充分考虑那些对学生来说具有现实意义、与生活实际相联系的课程内容和素材。

（2）要注意适度采用螺旋式编排。数学课程要关注学生数学学习的个别差异，教科书作为学生数学学习的起点和素材，应使他们在对内容的处理过程中获得发展。重要的数学概念、数学思想方法和数学活动要成为教科书的主线，并尽可能早地以不同的形式，反复出现在学生的数学学习活动中，呈现出螺旋式的安排。一方面，这可以使学生有机会逐步建构对同一知识的不同层次的理解；另一方面，它也与处于不同认知发展阶段的学生思维方式相适应。

（3）要注意加强教材资源的建设。义务教育阶段数学新课程标准及其内容目标，需要新的内容和呈现方式支撑。目前的实验教材虽已颇富新鲜感，但随着新课程的推进，已有的教材资源还需要不断补充。从长远看，要保持实验教材之树常新常绿，新课标意义下的教材资源建设还要大大加强。而实验教材的"新"，要从研究入手，要依据新课标的理念，花大工夫开发学生乐于接触的、有一定容量并且内涵丰富的新数学题材。这项研究的面很宽，首先要选准突破口，当务之急是通过研究搞清楚我国学生的个人知识、直接经验与数学课程内容的内在和外在联系，从这些联系入手，寻找新的教材资源。这样，我们才能从学生的生活背景和知识经验出发，开发出贴近学生生活、适于学生在校学习、有益于拓宽学生视野、贯通学生思想、发挥学生主动性和创造性的数学教材。另外，要根据学生的年龄特点和心理发展规律选材，注意为学生独立思索留出空间，为学生动手操作提供条件。要努力避免人为编造、不切实际、生拉硬套的情况在实验教材中出现。

（4）要注意加强教材编写队伍的组织和建设。作为教材编写者，必须努力提高作为教材编写者的水平，不仅要谙熟我国数学课程的历史和现状，而且要对国际数学课程发展的情况有相当的理解和把握；不仅要长于理论，而且要善于将理论成果向实践转化。特别地，要有开放的胸襟，既懂得继承，又善于学习，有伴随着新课程一起成长的愿望。

在目前情况下，保证实验教材质量的一个重要措施，就是尽量使每一支数学教材编写队伍在人员配备的层次上要丰富，不仅有专家学者，还要有经验丰富的教师和教学研究人员；不仅有长于编写教材的老兵，也要有充满朝气和活力的生力军。

2.普通高校阶段数学新课程内容组织应注意的问题

普通高校阶段数学新课程内容组织要注意处理以下几个方面：

（1）要注意加强各部分内容之间的联系。数学课程应将不同内容联系起来，并采用多种模型和方法探索问题和描述结果，使学生从多种角度认识重要的数学思想和数学概念，形成对数学整体的初步认识，其中，数与形的结合是展示数学联系的重要方面。新课标中注重使学生不断体会数形结合的思想，如在平面解析几何初步的内容中，要求教师帮助学生不断地体会"数形结合"的思想方法；在"不等式选讲"专题中，特别强调不等式及其证明的几何意义与背景，以加深学生对这些不等式的数学本质的理解；还有函数及其图像、矩阵与变换的联系，等等。如何更充分地展示数与形，以及其他数学知识之间的联系，是课程设计的重要课题之一。

（2）要注意使课程内容，特别是重要的数学概念，适合学生的认知水平。例如，对导数的处理，新课标没有引入极限的定义，而是通过丰富的事例，使学生经历从平均变化率到瞬时变化率的飞跃，在具体处理时，学生能否顺利地实现这一飞跃，课程设计中如何更好地促进这一飞跃，都值得认真研究。

（3）要注意加强对几何课程体系的编排的研究。几何课程的设置一直是数学课程中的焦点问题。国际上的几何课程的设置，呈现了多元化的格局。有学者对各国家、各流派采用的不同几何课程体系进行了总结：有突出几何事实，使学生掌握几何图形所具备的性质，不追求获取这些性质的途径和方法的"事实型"课程；有突出几何事实的实用性，不追求其完整性和系统性的"实用型"课程；有突出几何直观，对于几何事实及其获得主要依赖几何直观的"直观型"课程；也有突出几何理论的严密和推理论证的严格的"论理型"课程。当然许多国家的几何课程体系并不能简单地归结为某种类型之一，而是几种类型的融合，不同的观点和做法，各有其优点和不足。

课程的设计应该使学生有机会获得对几何多元多维的认识，包括几何对刻画现实世界、解决实际问题的作用，几何直观对学习数学和进行创造的作用，运用多种手段处理几何（如坐标方法、向量），几何作为公理体系的价值，几何对于刻画图形运动的作用，几何与其他学科的联系等。

（4）要注意加强信息技术与课程内容的有机整合。新课标要求我们要从多个方面注重信息技术与课程内容的整合。例如，增加反映信息时代特征的新的内容（如算法），利用信息技术探索数学规律（如利用计算器、计算机画出指数函数、对数函数等的图像，探索、比较它们的变化规律），利用信息技术解决实际问题（如处理统计中复杂的数据）等。探索信息技术与课程内容的进一步整合无疑是今后课程设计中的重要问题。

（5）要注意与义务教育阶段数学课程的衔接与贯通。必须考虑高校数学课程与义务教育阶段数学课程的衔接，以求整个基础教育阶段数学课程的融会贯通。例如，二者都将函数的内容作为代数内容的核心，强调它是描述客观世界变化规律的重要数学模型，将函数的思想方法贯穿于数学课程的始终。与此同时，高校阶段不但把函数看成变量之间的依赖关系，同时还用集合与对应的语言来刻画函数，并建议从学生在义务教育阶段已掌握的具体函数和对函数的描述性定义入手，引导学生联系自己的生活经历和实际问题，构建函数的一般概念。

（6）要注意加强课程资源的开发。新课标中设置的选修课很多，在实施中要开好这些课程，就必须充分开发课程资源。我们认为应该加强中学与中学、中学与社会、中学与大学等之间的联系与交往，充分利用各方面的资源，实现资源共享。同时希望能广泛而恰当地使用网络、电视等传媒及国外的课程资源。新课标对课程资源开发、教材的编写提出了一系列的要求与建议。但这方面的准备不是很充分，这就需要教材的编写者、一线教师和数学教育研究者去创造、开发体现新课标理念的新的教育资源，包括一些案例、课例、实例和活动。

二、数学新课程实施情境中的教学规则

（一）数学新课程教学实践的基本要求

1. 义务教育阶段数学新课程教学实践的基本要求

如何在数学新课标理念下切实搞好数学教学是新的数学课程实施中非常重要的问题。为了更好地体现新课标所倡导的数学教学观念，在教学中要注意如下几个方面的基本要求：

（1）根据学生的年龄特征和认知特点组织教学。数学教学要充分考虑学生的身心发展特点，结合他们的已有知识和生活经验设计富有情趣的数学教学活动。

数学教学要紧密联系学生的实际，从学生的生活经验和已有知识体验出发，创设生动、有趣的情境，引导学生通过观察、操作、实践、归纳、类比、思考、探索、猜测、交流、反思等活动，掌握基本的知识和技能，学会从数学角度去观察问题、思考问题，以发展思维能力，激发学生对数学的兴趣，增强学好数学的信心与愿望，体会数学的作用，从而学会学习，生动活泼地投入数学学习。

（2）重视培养学生的应用意识和实践能力。数学教学应努力体现"从问

题情境出发、建立模型、寻求结论、应用与推广"的基本过程，根据学生的认知特点和知识水平，不同学段都要做出这样的安排，使学生认识到数学与现实世界的联系，通过观察、操作、思考、交流等一系列活动逐步发展应用意识，形成初步的实践能力。

在日常教学活动中，要注重专题研究和与开放性问题有关的内容和实践活动，加强这方面内容安排的密度和强度。

①让学生在现实情境和已有的生活和知识经验中体验和理解数学。只有将数学与现实背景紧密联系在一起，通过数学化的途径来进行教学，才能帮助学生真正获得富有生命力的数学知识，使他们不仅理解这些知识，而且能够应用。因此，数学教学要紧密联系学生的生活实际，从学生的生活经验出发开展教学，教师要善于引导学生把生活经验上升到数学概念和方法，并能反过来解决实际问题。

②培养学生应用数学的意识和提高解决问题的能力。数学教学应从学生所熟悉的现实生活出发，从具体的问题到抽象的概念，得到抽象化的知识后再把它们应用到新的现实情境中去，通过数学的应用，培养学生应用数学的意识，提高解决问题的能力。为此，第一，让学生经历"问题情境—建立模型—解释、应用与拓展"的过程；第二，培养学生提出问题和解决问题的能力；第三，注重数学与其他学科的联系与综合。教师要研究数学和其他学科的关系，制订工作计划，通过数学与其他学科的联系综合，全面发展学生的数学素养。

（3）重视引导学生自主探索，培养学生的创新精神。在教学活动中，学生是学习的主体，必须改变教师讲、学生听，教师问、学生答以及大量演练习题的数学教学模式。教师必须转变角色，充分发挥创造性，依据学生年龄特点和认知特点，设计探索性和开放性的问题，给学生提供自主探索的机会，让学生在观察、实验、猜测、归纳、分析和整理的过程中去理解一个问题是怎样提出来的、一个概念是如何形成的、一个结论是怎样探索和猜测到的，以及这个结论是如何被应用的。通过这样的形式，使学生创新精神的培养得到落实。

在这个过程中，教师要关注学生的个体差异，尊重学生的创造性，对学生在探索过程中遇到的困难和出现的问题，要适时、有效地帮助和引导，并通过交流、讨论、合作学习加以解决。使所有学生都能在数学学习中获得成功感，树立自信心，增强克服困难的勇气和毅力。

（4）具体要求要适当。教师要善于驾驭教材，把握知识的重点、难点及知识的内在联系，根据学生的年龄特点和教学要求开展教学活动。

要注重让学生在广泛的背景中理解概念。重视概念引入的必要性，关注一个概念与日常生活、其他学科以及学生已有数学知识之间的联系，引导学生通过自身体验，在分析和整理的过程中学习概念。不能用死记硬背的方式学习概念，不能把会背作为判断学生是否熟练掌握概念的依据，对于要求"了解""知道"的概念，不要随意提高要求。

对运算技能的要求要恰当，习题量和训练时间要结合学生的学习水平合理安排。教学中出现的与应用有关的问题要尽量贴近学生的生活，不要随意编制和拼凑与实际背景没有什么联系的应用题。

要加强空间观念的形成和对平面图形的直观认识。空间与图形应当与学生周围生活中的真实情境结合，让学生积累比较丰富的直观体验，在这个基础上逐步归纳出一些基本的关于图形和空间的几何事实，从形状、方位及关系等多种角度认识和理解图形，要重视结合具体情境进行空间推理。

要重视数据处理的现实背景，使学生初步体会统计方法与生活、社会和科学技术的联系，感受数学应用的意义。统计与概率的教学不能搞成单纯的公式记忆和纯粹的计算技巧训练。

要重视计算机等信息技术手段在教学中的运用，同时还要关注正确使用新技术的问题。计算器和计算机是学生探索数学知识的有力工具，我们应该努力提高现代信息技术应用于数学教学过程的水平，增加数学课堂中信息技术的含量，改善学生的学习。

2.普通高校阶段数学新课程教学实践的基本要求

（1）教学中要强调对基本概念和基本思想的理解和掌握。教师必须很好地把握基础，对一些核心的概念和基本思想，诸如函数、向量、算法、统计、空间观念、运算、数形结合、随机观念等，要在整个高校数学的教学中螺旋上升，让学生多次接触，不断加深认识和理解。

例如，对于函数概念真正的认识和理解是不容易的，要经历一个多次接触的较长过程。我们在必修课程的"数学I"模块中，首先要在义务教育阶段学习的基础上，通过提出恰当的问题，创设恰当的情境，使学生产生进一步学习函数概念的积极情感，帮助学生从以下三个主要方面来进一步认识和理解函数概念：①现实世界中的大量变化现象需要用函数来刻画；②用近现代数学的基本语言——集合的语言来刻画函数概念；③理解函数概念的符号化、形式化表示的意义。并在义务教育阶段学习函数三种基本表示法的基础上，通过具体的问题背景，让学生恰当选择相应的表示方法去解决问题，在解决问题中帮助学生加深对函数概念的认识和理解。随后，通过基本初等函数——指数函数、对数函数、幂函数、三角函数的学习，进一步感悟函数概念的本质，以及为什么说函数是高校数学的一个核心概念。然后在"导数及其应用"的学习中，通过对函数性质的研究，再次提升对函数概念的认识和理解，等等。这里，我们要结合具体实例（如分段函数的实例、只能用图像来表示的函数的实例等），结合函数模型的应用实例，强调对函数概念本质的认识和理解，并一定要把握好诸如求定义域、值域训练的度，而不能做过多、过繁、过于人为的技巧训练。

（2）教学中要重视基本技能的训练。熟练掌握一些基本技能，对学好数学是非常重要的。例如，在学习概念中有要求学生能举出正、反面例子的训练；在学习公式、法则中有对公式、法则掌握的训练，也有注重对运算算理认识和理解的训练；在学习推理证明时，不仅仅有在推理证明形式上的训练，更有对落笔有据、言之有理的理性思维的训练；在立体几何学习中不仅有对基本作图、识图的训练，而且有对认识事物的方法的训练；在学习统计时，有在实际问题中处理数据，从数据中提取信息的训练，等等。

随着科技和数学的发展，数学技能的内涵也在发生变化。除了传统的运算等技能外，还应包括更广泛、更有力的技能。例如，我们要在教学中重视对学生进行以下的技能训练：能熟练地完成心算与估计；能决定什么情况下需寻求精确的答案，什么情况下只需估计就够了；能正确地、自信地、适当地使用计算器或计算机；能估计数量级的大小，判断心算或计算机结果的合理性，判断别人提供的数量结果的正确性；能用各种各样的表、图、统计方法来组织、解释，并提供数据信息；能把模糊不清的问题用明晰的语言表达出来（包括口头和书面的表达能力）；能从具体的前后联系中，确定该问题采用什么数学方法最合适，会选择有效的解题策略等。

（3）在教学中要处理好在模块和专题设计的统一性和差异性关系。无论是模块的内容，还是专题的内容，对高校学生来说，都是基础性的数学内容，只是对不同的选择来说，内容是有区别的。例如，在选修系列 1 和选修系列 2 中，"圆锥曲线与方程"这部分内容，学时分别是 12 和 16 课时，具体内容和要求略有区别，但是对希望在人文、社科和理工、经济方面发展的学生来说，都是基础的。分别出现在选修系列 1 和选修系列 2 中的"导数及其应用"在这方面也有同样的特点。

在模块和专题设计下处理好统一性和差异性这一关系时，应特别注意各部分内容之间的联系，并尽可能通过类比、联想、知识的迁移和应用等方式，使学生体会知识之间的有机联系，感受数学的整体性，进一步理解数学的本质，提高解决问题的能力。

例如，在学习向量时或在学习向量后，要有意识地将向量与三角恒等变形，以及几何、代数中的相应内容进行有机的联系，并通过比较，感受和体验向量在处理三角、几何、代数等不同数学分支问题中的独到之处和桥梁作用，认识数学的整体性。

还要把握好数学与现实生活、与其他学科之间的联系，使学生对数学的应用有感性的认识。例如教学中要重视向量与力、速度、加速度的联系，三角函数 $y=A\sin(\omega x+\theta)$ 与单摆运动、波的传播、交流电之间的联系。

（4）在数学教学中要注重数学与实际的联系，发展学生的应用意识和实践能力。应用意识和实践能力的培养是我们数学教学中的薄弱环节。所以，在数学教学中要注重数学知识与实际的联系，发展学生的应用意识和能力，这充分体现了社会发展对数学教学的要求。

首先，教师在教学中要指导学生用数学知识解决一些学生力所能及的实际问题，使学生亲身感受数学与现实生活、现实世界的联系，以及数学在现实社会中的应用价值。

其次，在教学中要鼓励、引导学生从实际情境中发现数学问题，并归结为数学模型，进而尝试用有关的数学知识和方法去解决问题。

例如，在函数内容的教学中，可鼓励学生自己去寻找、收集分段函数的情境和实例；在学习圆锥曲线时，可以发动学生从实际情境中去发现圆锥曲线的现实背景（如行星运行的轨道、抛物运动的轨迹、探照灯的镜面等）以及圆锥曲线在现实世界中的应用，并用圆锥曲线的有关知识解释、解决一些实际问题；在推理与证明的教学中，可引导学生从现实生活中去找出合情推理的情境，并运用合情推理去做出判断。在统计中学习变量的相关性时，指导学生如何用回归分析来配曲线，学习建立数学模型的基本方法，并且尝试用所得到的数学模型去解决问题。

最后，教师自身要学会从实际当中发现一些数学问题，并能确定是什么样的数学问题，在解决问题时涉及什么样的数学知识，如何应用有关数学知识来解决实际问题，达到什么样的预期目标，等等。

（二）数学新课程教学实践应注意的问题

1. 义务教育阶段数学新课程教学实践应注意的问题

数学教学是数学活动的教学，是师生之间、学生之间交往互动与共同发展的过程。数学教学应从学生实际出发，创设有助于学生自主学习的问题情境，引导学生通过实践、思考、探索、交流，获得知识，形成技能，发展思维，学会学习，促使学生在教师指导下生动活泼地、主动地、富有个性地学习。

（1）要注意让学生经历数学知识的形成与应用过程。数学教学应结合具体的数学内容采用"问题情境—建立模型—解释、应用与拓展"的模式展开，让学生经历知识的形成与应用的过程，从而更好地理解数学知识的意义，掌握必要的基础知识与基本技能，发展应用数学知识的意识与能力，增强学好数学的愿望和信心。

抽象数学概念的教学，要关注概念的实际背景与形成过程，帮助学生克服机械记忆概念的学习方式。比如函数概念，不应只关注对其表达式、定义域和值域的讨论，而应选取具体实例，使学生体会函数反映实际事物的变化规律。

（2）要注意鼓励学生自主探索与合作交流。有效的数学学习过程不能单纯地依赖模仿与记忆，教师应引导学生主动地从事观察、实验、猜测、验证、推理与交流等数学活动，从而使学生形成自己对数学知识的理解和有效的学习策略。

例如，空间与图形的内容（如图案的欣赏与设计、图形的基本性视图等）的教学，可以组织学生进行观察、操作、猜测、推理等，并交流活动的体验，帮助学生积累数学活动的经验，发展空间观念和有条理的思考。

（3）要注意尊重学生的个体差异，满足多样化的学习需要。学生的个体差异表现为认知方式与思维策略的不同，以及认知水平和学习能力的差异。教师要及时了解并尊重学生的个体差异，满足多样化的学习需要。

教学中要鼓励与提倡解决问题策略的多样化，尊重学生在解决问题过程中所表现出的不同水平。问题情境的设计、教学过程的展开、练习的安排等要尽可能地让所有学生都能主动参与，提出各自解决问题的策略，并引导学生在与他人的交流中选择合适的策略，丰富数学活动的经验，提高思维水平。

（4）要注意关注证明的必要性、基本过程和基本方法。"证明"的教学所关注的是对证明必要性的理解，对证明基本方法和证明过程的体验，而不是追求所证命题的数量、证明的技巧。

（5）要注意关注数学知识之间的联系，提高解决问题的能力。教学中应当有意识、有计划地设计教学活动，引导学生体会数学知识之间的联系，感受数学的整体性，不断丰富解决问题的策略，提高解决问题的能力。

（6）要注意充分运用现代信息技术。教师应当在学生理解并能正确运用公式、法则等进行计算的基础上，指导学生用计算器完成较为繁杂的计算。在课堂教学、课外作业、实践活动以及考试中，应当允许学生使用计算器，还应鼓励学生用计算器进行探索规律等活动。

2. 普通高校阶段数学新课程教学实践应注意的问题

（1）要注意以学生发展为本，指导学生合理选择课程，制订学习计划。选择性、多样性是数学新课标的基本理念，更是这次课程改革的一个全新变革。这一变革的着眼点仍是学生的发展，希望能为每个学生提供更好的发展条件和基础，但是，由此也会带来学生如何选择课程和如何制订学习计划等新的问题。因此，教师教学的首要任务是基于对学生原有知识基础和认知发展水平的了解，以每个学生的终身学习和终身发展为着眼点，指导他们合理地选择课程，制订学习计划，使他们都能顺利地、有效地进行学习，获得在原有基础上的不同发展。

在遇到学生要变换自己的课程选择时，教师要与学生、家长一起，甚至可以与其他学科的教师一起，认真分析、仔细研究、慎重考虑，帮助学生自主地做出合理的选择。

（2）要注意改善教与学的方式，使学生主动地学习。丰富学生的学习方式、改进学生的学习方法是高校数学课程追求的基本理念。学生的数学学习活动不应只限于对概念、结论和技能的记忆、模仿和接受，独立思考、自主探索、动手实践、合作交流、阅读自学等都是学习数学的重要方式。在高校数学教学中，教师的讲授仍然是重要的教学方式之一，但要注意的是必须关注学生的主体参与，师生互动。高校数学课程在教育理念、学科内容、课程资源的开发利用等方面都对教师提出了挑战。在教学中，教师应根据高校数学课程的理念和目标，学生的认知特征和数学的特点，积极探索适合高校学生数学学习的教学方式。

（3）要注意关注数学的文化价值，促进学生科学观的形成。数学是人类文化的重要组成部分，是人类社会进步的产物，也是推动社会发展的动力。教学中应引导学生初步了解数学科学与人类社会发展之间的相互作用，体会数学的科学价值、应用价值、人文价值，开阔视野，探寻数学发展的历史轨迹，提高文化素养，养成求实、说理、批判、质疑等理性思维的习惯和锲而不舍的追求真理的精神。

在教学中，应尽可能结合高校数学课程的内容，介绍一些对数学发展起重大作用的历史事件和人物，反映数学在人类社会进步、人类文明建设中的作用，同时也反映社会发展对数学发展的促进作用。例如，教师在几何教学中可以向学生介绍欧几里得建立公理体系的思想方法对人类理性思维、数学发展、科学发展、社会进步的重大影响；在解析几何、微积分教学中，可以向学生介绍笛卡儿创立的解析几何，介绍牛顿、莱布尼茨创立的微积分，以及它们在文艺复兴后对科学、社会、人类思想进步的推动作用。

（4）要注意恰当使用信息技术，改善学生的学习方式，提高教学质量。现代信息技术的广泛应用正在对数学课程的内容、数学教学、数学学习等方面产生深刻的影响。信息技术在教学中的优势主要表现在快捷的计算功能、丰富的图形呈现与制作功能、大量数据的处理功能，以及提供交互式的学习和研究环境等方面。因此，教师在教学中，应重视与现代信息技术的有机结合，恰当地使用现代信息技术，发挥现代信息技术的优势，帮助学生更好地认识和理解数学，增强学生对数学学习的兴趣，改善学生的学习方式。

一般来说，在教学中运用现代信息技术时，既要考虑数学内容的特点，又要考虑信息技术的特点与局限性，把握好两者的有机结合，让信息技术确实对学生的学习和教师的教学起到促进作用。

（5）要注意逐步形成自己独特的教学风格，做一名研究型的新型教师。教师的成长＝经验＋反思＋学习＋研究。教学是一个实践性很强的活动，需要积累经验，教师也只有在不断地总结和反思中才能得到提高，逐渐成长起来。

首先，要结合自己的特点，对自己的专业发展有一个明确的目标和方向，以及阶段性的目标和任务；

其次，要很好地回顾与反思自己的教学历程，找出自己教学中的长处、优势和特点，找出不足和主要问题，分析其原因，思考扬长避短的策略、途径和方法；

最后，要设计好自身进行数学学习、数学教学理论学习和实践研究的方案，并坚持实施，从而逐渐形成自己独特的教学风格，做一名研究型的新型教师。

三、数学新课程实施情境中的课程评价

（一）数学新课程评价的基本要求

1.义务教育阶段数学新课程评价的基本要求

对学生数学学习的评价，既要关注学生知识与技能的理解和掌握，更要关注他们情感与态度的形成和发展；既要关注学生数学学习的结果，更要关注他们在学习过程中的变化和发展。评价的手段和形式应多样化，要将过程评价与结果评价相结合、定性与定量相结合，充分关注学生的个性差异，发挥评价的激励作用，保护学生的自尊心和自信心。教师要善于利用评价所提供的大量信息，适时调整和改善教学过程。

（1）注重对学生数学学习过程的评价。对学生数学学习过程的评价，包括参与数学活动的程度、自信心、合作交流的意识，以及独立思考的习惯、数学思考的发展水平等方面。

（2）恰当评价学生的基础知识与基本技能。对基础知识和基本技能的评价，应遵循新课标的基本理念，以知识与技能目标为基准，考查学生对基础知识和基本技能的理解和掌握程度。对基础知识和基本技能的评价应结合实际背景和解决问题的过程，更多地关注对知识本身意义的理解和在理解基础上的应用。

评价时应将书面考试与其他评价方式有机结合。在采用书面考试时，要按照新课标的要求，避免偏题、怪题和死记硬背的题目；要设计结合现实情景的问题，以考查学生对数学知识的理解和运用所学知识解决问题的能力；要控制客观题型的比例，设置一些探索题与开放题，以更多地暴露学生的思维过程，对于这些问题，应给学生充裕的时间准备回答。

（3）重视对学生发现问题、解决问题能力的评价。对学生发现问题、解决问题能力的评价主要包括：能否结合具体情境发现并提出数学问题；能否尝试从不同角度分析和解决问题；能否体会到与他人合作解决问题的重要性；能否用文字、字母、图表等清楚地表达解决问题的过程，并尝试运用不同的方式进行表达；能否解释结果的合理性；能否对解决问题的过程进行反思，获得解决问题的经验、方法，教师要给予鼓励与引导，并随时观察记录，等等。

（4）评价主体和方式要多样化。要将自我评价、学生互评、教师评价、家长评价和社会有关人员评价结合起来。评价方式应当多种多样，既可采用书面考试、口试、作业分析等方式，也可采用课堂观察、课后访谈、大型作业、建立成长记录袋、分析小论文和活动报告等方式。

教师在日常教学中应重视对学生的观察，主要可以观察几个方面：基础知识与基本技能的掌握状况，在学习过程中的主动性、独立思考与认真程度，解决问题的能力，与他人合作交流的情况等。

2.普通高校阶段数学新课程评价的基本要求

应将评价贯穿数学学习的全过程，既要发挥评价的甄别与选拔功能，更要突出评价的激励与发展功能。数学教学的评价应有利于营造良好的育人环境，有利于数学教与学活动过程的调控，有利于学生和教师的共同成长。尽管普通高校数学新课程评价与义务教育阶段数学新课程评价的内容有相同之处，但是具体要求又有所不同：

（1）重视对学生数学学习过程的评价。相对于结果，过程更能反映每个学生的发展变化，体现学生成长的历程。因此，数学学习的评价既要重视结果，也要重视过程。对学生数学学习过程的评价，包括学生参与数学活动的兴趣和态度、数学学习的自信、独立思考的习惯、合作交流的意识、数学认知的发展水平等方面。

（2）正确评价学生的数学基础知识和基本技能。学生对基础知识和基本技能的理解与掌握是数学教学的基本要求，也是评价学生学习的基本内容。评价要注重对数学本质的理解和思想方法的把握，避免片面强调机械记忆、模仿及复杂技巧。

（3）重视对学生能力的评价。如何评价能力既是课程改革面临的一个重要的课题，也是一个挑战，其中对学生提出、分析、解决问题能力的评价更是对学生能力评价的重点。

（4）实施促进学生发展的多元化评价。促进学生发展的多元化评价的含义是多方面的，包括评价主体多元化、方式多元化、内容多元化和目标多元化等，应根据评价的目的和内容进行选择。

主体多元化是指将教师评价、自我评价、学生互评、家长和社会有关人员评价等结合起来；方式多元化是指定性与定量相结合，书面与口头相结合，课内与课外相结合，结果与过程相结合等；内容多元化，包括知识、技能和能力，过程、方法，情感、态度、价值观及身心素质等内容的评价；目标多元化是指对不同的学生有不同的评价标准，即尊重学生的个体差异、尊重学生对数学的不同选择，不以一个标准衡量所有学生的状况。

通过多元化的评价，可以更好地实现对学生多角度、全方位的评价与激励，努力使每一个学生都能得到成功的体验，有效地促进学生的发展。

（二）数学新课程评价应注意的问题

1. 义务教育阶段数学新课程评价应注意的问题

（1）注意评价要适应义务教育阶段学生的发展性要求。数学新课程评价要以学生的发展性为根本目的，无论是定量评价还是定性评价都要适应学生年龄和身心发展水平，并指向学生的进一步发展。为此，我们要注意丰富和发展数学定量评价，并不断建构和拓展数学定性评价，以适应学生身心和认知的发展特点，从而更好地促进学生数学素养和综合素质的发展。

（2）注意加强对"学生成长记录袋"的创建和使用。我们要不断建构和完善合理的定性评价方式，而"学生成长记录袋"是一种可供利用的、具有丰富潜在价值的数学新课程评价模式。

学生可以通过建立自己的成长记录，反思自己的数学学习和成长的历程。在成长记录中可以收录：最满意的作业，探究性活动的记录，单元知识总结，提出的有挑战性的问题，最喜欢的一本书，自我评价与他人评价，等等。

成长记录中的材料应由学生自主选择，材料要真实并定期进行更新。根据自身的特点，对于选择的或更新的材料，学生要给予一定的说明。

建立数学成长记录可以使学生比较全面地了解自己的学习过程，特别是感受自己的不断成长与进步，这有利于培养学生的自信心，也为教师全面了解学生的学习状况、改进教学、实施因材施教提供了重要依据。

（3）评价结果要注意采用定性与定量相结合的方式呈现。在呈现评价结果时，应重视定性评价的作用，采用定性与定量相结合的方法。

定量评价可采用百分制或等级制的方式，要将评价结果及时反馈给学生，但不能根据分数排列名次。教师要充分意识到"分数排名榜"在给极少部分学生注入学习动力的同时，留给更多学生的是焦虑、打击与恐惧。

定性评价可采用评语的形式，在评语中应使用鼓励性语言客观、较为全面地描述学生的学习状况，充分肯定学生的进步和发展，更多地关注学生已经掌握了什么、获得了哪些进步、具备了什么能力、在哪些方面具有潜能，并帮助学生明确自己的不足和努力的方向，使评价结果有利于学生树立学习数学的自信心，提高学习数学的兴趣，促进学生的进一步发展。

2.普通高校阶段数学新课程评价应注意的问题

（1）注意学生数学课程选择的差异性。学生可以根据个人不同的条件以及不同的兴趣、志向，在高校阶段选择不同的数学课程组合进行学习，学校和教师应当根据学生的不同选择进行评价。

学生选择了自己的课程组合以后，学校和教师应为学生建立相应的学习档案，当学生完成课程模块或专题的学习时，将反映学生水平的学习成果记入档案；当学生调整自己的课程组合时，学校和教师应及时地帮助学生做好已完成课程的评价，以及系列转换工作；学校和教师的这些评价，将成为学生进入社会求职或高等院校招生时评价学生的依据。

高等院校的招生考试应当根据高校的不同要求，按照高校数学课程标准所设置的 5 种不同课程组合进行命题、考试，命题范围为必修系列、选修系列 1、选修系列 2、选修系列 4。根据课程内容的特点，对选修系列 3 的评价应采用定性与定量相结合的形式，由（高校）学校来完成。高等院校在录取时，应全面地考虑学校对学生在高校阶段数学学习的评价。

（2）注意高校阶段评价制度改革的导向性。根据我国的国情，评价制度对高校阶段教育的影响比其他阶段更大。在新的高校数学课程的实施中，不可避免地要考虑到评价制度改革的问题。我们既要关注学生发展的过程性评价，还应关注包括高考在内的选拔性评价制度的改革；既要采取一定的措施来促进评价制度的改革，也要认识到对评价制度的改革还有许多问题需要认真思索与实践。

普通高校数学新课标更加注重对学生学习过程的评价。为此，我们应使更多的教师和评价者充分认识到过程性评价的重要意义，还需要对过程性评价开展深入研究。

第三章 "互联网+"时代高校数学教育的机遇与挑战

第一节 "互联网+教育"的核心与本质

学校、教师、教室，这是传统教育。互联网、移动终端、学生，学校任你挑、教师由你选，这是"互联网+教育"。在教育领域，面向中小学、大学、职业教育、IT培训等多层次人群开放课程，可以足不出户在家上课。"互联网+教育"使教与学活动围绕互联网进行，教师在互联网上教，学生在互联网上学，信息在互联网上流动，知识在互联网上成形，线下的活动成为线上活动的补充与拓展。

"互联网+教育"不只是影响创业者，还能提供平台实现就业。"大众创业，万众创新"对教育而言有着深远的影响。

有学者认为，"互联网+"不仅不会取代传统教育，而且会让传统教育焕发出新的活力：第一代教育以书本为核心；第二代教育以教材为核心；第三代教育以辅导和案例方式出现；如今的第四代教育，才是真正的以学生为核心。

其实在"互联网+"提出之前，互联网教育已经有了近10年的发展历史，"互联网+教育"的模式探索与尝试也已经开展，大数据、云计算、互联网等逐渐与教育相结合，教育的形态被"智能"的力量重塑，可以说教育行业已经实现了互联网化。

如今，虽然互联网成为教育变革的一大契机，但是它只是对传统教育的升级，其目的不是去颠覆教育，更不是颠覆当前学校的体制。基于此，我们认为，"互联网＋教育"的核心和本质就是基于信息技术，实现教育内容的持续更新、教育模式的不断优化、学习方式的连续转变及教育评价的日益多元化。

一、"互联网＋课程"：教育内容的持续更新

"互联网＋课程"，不仅仅产生了网络课程，更重要的是它让整个学校课程，从组织结构到基本内容都发生了巨大变化。正是因为具有海量资源的互联网存在，才使得高等院校各学科课程内容能够全面拓展与更新；使得适合大学生的诸多前沿知识及时地进入课堂，成为学生的精神套餐；使得课程内容艺术化、生活化变成现实。除了对必修课程内容的创新外，在互联网的支持下，各类选修课程的开发与应用也变得"天宽地广"，越来越多的学校能够开设上百门的特色选修课程，诸多从前想都不敢想的课程如今都成了现实。

二、"互联网＋教学"：教学模式的不断优化

"互联网＋教学"形成了"网络教学平台""网络教学系统""网络教学资源""网络教学软件""网络教学视频"等诸多全新的概念，由此不但帮助教师树立了先进的教学理念，改变了课堂教学手段，大大提升了教学素养，而且更令人兴奋的是传统的教学组织形式也发生了变化。正是因为互联网技术的发展，以"先学后教"为特征的翻转课堂才真正得以实现。同时，教学中的师生互动不再流于形式。通过互联网，完全突破了课堂上的时空限制，

学生几乎可以随时、随地、随心地与同伴沟通，与教师交流。在互联网的天地中，教师的辅助作用得到了提高，教师可以通过移动终端，即时给予学生点拨指导，同时，教师不再"居高临下"地灌输知识，更多的是提供资源的链接，激发学生学习的兴趣，进行思维的引领。由于随时可以通过互联网将教学的"触角"伸向任何一个领域的任何一个角落，甚至可以与远在千里之外的各行各业的名家、能手进行即时视频聊天，因此，教师的课堂教学变得更为自如，手段更为丰富。当学生在课堂上能够获得他们想要的知识，能够见到自己仰慕的人物，能够通过形象的画面和声音解开心中的各种疑惑时，可以想象他们对这一学科的喜爱将是无以复加的。

三、"互联网＋学习"：学习方式的连续转变

"互联网＋学习"创造了如今十分红火的移动学习，但它绝对不仅仅是作为简单的随时随地可学习的一种方式而存在的概念，它代表的是学生学习观念与行为方式的转变。通过互联网，学生学习的主观能动性得以强化，他们在互联网世界中寻找到学习的需求与价值，寻找到不需要死记硬背的高效学习方式，寻找到可以解开诸多学习疑惑的答案。研究性学习倡导了多年，一直没能在高校真正得以应用和推广，重要的原因就在于它受制于研究的指导者、研究的场地、研究的资源、研究的财力物力等，但随着互联网技术的日益发展，这些问题基本上都能迎刃而解。在网络天地里，对于研究对象学生可以轻松地进行全面的、多角度的观察，可以对相识的人或陌生的人群做大规模的调研，甚至可以进行虚拟的科学实验。只有当互联网技术成为学生手中的"利器"时，学生才能真正确立主体地位，摆脱学习的被动感；自主学习才能从口号变为实际行动；大多数学生才有能力在互联网世界中探索知

识，发现问题，寻找解决的途径。"互联网＋学习"对于教师的影响同样是巨大的。教师远程培训的兴起完全基于互联网技术的发展，而教师终身学习的理念也在互联网世界里变成现实，对多数使用互联网的教师来说，他们十分清楚自己曾经拥有的知识是以这样的速度在锐减老化，也真正懂得"弟子不必不如师，师不必贤于弟子"的道理。互联网不但改变着教师的教学态度和技能，同样也改变了教师的学习态度和方法。其不再以教师的权威俯视学生，而是真正与学生平等对话，成为学生的合作伙伴与他们共同进行探究式学习。

四、"互联网＋评价"：教育评价的日益多元

"互联网＋评价"还有另外一个名字，即热词——网评。在教育领域里，网评已经成为现代教育教学管理工作的重要手段。学生通过网络平台，可以给教师的教育教学打分，教师通过网络途径可以给教育行政部门及领导打分，而行政机构通过网络大数据也可以对不同的学校、教师的教育教学活动及时进行相应的评价与监控，以确保每个学校、教师都能获得良性发展。换句话说，在"互联网＋"时代，教育领域里的每个人都是评价的主体，也是被评价的对象，而社会各阶层也将更容易通过网络介入对教育进行评价。此外，"互联网＋评价"改变的不仅仅是上述评价的方式，更大的变化还有评价的内容或标准。例如在传统教育教学体制下，教师的教育教学水平基本由学生的成绩来体现，而在"互联网＋"时代，教师的信息组织与整合、教师教育教学研究成果的转化、教师积累的经验通过互联网获得共享的程度等，都将成为教师考评的重要指标。

总之，随着"互联网+"时代的正式到来，教育工作者只有顺应这一时代变革，持续不断地进行革命性的创造变化，才能走向新的境界和高度。

第二节 "互联网+"时代高等教育的机遇

国际化和信息化已经成为高等教育发展的必然趋势。特别是"互联网+"时代的到来，以及最近几年大规模公开在线课程的广泛兴起，正在引发世界范围内高等教育格局的竞争与变革。在这种背景下，我国高等教育的发展方式正在全面转型，而这种转型也给我国大学教育带来了更多的机遇。

一、"互联网+"让大学教育从封闭走向开放

"互联网+"打破了权威对知识的垄断，让教育从封闭走向开放，使得优质的教育资源不再局限于少数名校之中，人们不分国界、不分老幼都可以通过网络接触到最优质的教育资源。在全球开放的时代下，正在加速形成一个基于全球性的知识库，通过互联网，人们可以随时随地地从这个知识库中获取各国、各地区优质的学习资源。

通过互联网，可以跨地域、跨时间段重复地针对一个知识点进行反复学习，加深对知识的理解，不至于在短短的45分钟或是一个小时的课堂上强行接收所有的知识点，且担心知识点的遗漏，由此知识获取的效率大幅提高，也为终身学习的学习型社会建设奠定了坚实的基础。

二、"互联网+"降低了学生接受大学教育的成本

"互联网+"使得高校学生能够通过较低的成本得到更优质的教育资源，

从而促进更多的学生去主动学习。有学者曾道："大学日趋增长的成本将难以为继，尤其是在大学教育全球化日趋增长的情况下，更是如此。所以，借助网络实施高等教育的做法才会迅猛发展，这种方式更加经济、高效。"

互联网极大地放大了优质教育资源的作用和价值，从传统的一个优秀教师只能同时教授几十个学生扩大到能同时教授几千个甚至数万个学生，使得在一堂课中大学教师讲授的辐射面更广。另外，互联网联通一切的特性让跨区域、跨行业、跨时间的合作研究成为可能，这也在很大程度上规避了低水平的重复，避免教师一年又一年重复的教学讲解。

三、"互联网+"改变了大学教育的教学模式，并加速了教育的自我进化能力

互联网使得教师和学生的界限不再泾渭分明，改变了传统的"以教师为中心"的授课形式，使其转变成"以学生为中心"的形式。在"校校通、班班通、人人通"的"互联网+"时代，学生获取知识的速度已变得非常快捷，师生间知识量的天平并不一定偏向教师，因此，教师必须调整自身定位，让自己成为学生学习的伙伴和引导者。

要做到"以学生为中心"，就必须强调学生的个性化特征，而互联网中的"用户思维"就是指在价值链的各个环节都要以用户为中心去思考问题，根据用户的需求进行服务。在"互联网+"时代下，应充分利用大数据来分析学生的特点，准确分析学生的兴趣爱好、认知水平、接受能力等，然后在此基础上进行因材施教。现在为了满足学生的需要，互联网为学生提供了多种学习模式，如体验式学习、协作式学习及混合学习等。而其中最具特点的是4A（Anytime、Anywhere、Anyway、Anybody）学习模式，即学生可以在任何时间、在任何地点、以任何方式、从任何人那里学习。这也在一定程

度上体现了培养学生，尤其是培养大学生自主学习的理念。

传统教育体系中包括"教育对象"和"教育环境"两大体系：教育对象指的是学生，而教育环境则包括学习主体以外的周围事物，如教师、教学内容、教学条件等。英国著名教育理论家怀特提出，学生是有血有肉的人，教育的目的是激发和引导他们走上自我发展之路。也就是说，教育的核心是要充分调动人的主体意识，使其在学习、发展过程中变"被动"为"主动"，产生积极主动的心理状态，从而提高自身的认知水平和学习效率。而互联网时代强调的正是主动性和创新性，即通过提升学生的主动性来提升教育的能力。首先，当"互联网+"进入现有的教育体系之后，它打破了原有的教育体系的平衡，敲开了教育原本封闭的大门，为传统的教育体系提供了新的知识信息源泉，使得原有的学生子系统能够更为快捷和方便地与外部的大系统进行知识的交互并获取信息，因此推动了自身知识的增长，从而推动了教育的自我进化能力。其次，互联网能够为学生创造一个虚拟环境，学生能够利用互联网以三维的视角去认知世界、探索世界。陶行知曾经说过，"劳力上劳心"，这才是创新人才的办学模式。陶行知认为，学习应该是实践与认知相结合的过程，而非沉浸在书本中，否则会出现"纸上谈兵"的现象。在"互联网+"时代，学生能够通过网络中的虚拟环境进行相应的实践，并随时根据网络信息及时更新知识。例如，学习管理类的学生能够通过网上进行沙盘模拟获知与企业运营相关的知识等，由此加强学生的实践操作能力。

随着"互联网+"时代的来临，大学教育正进入一场基于信息技术更伟大的变革中。"互联网+教育"的核心和本质是基于信息技术实现教育内容的持续更新、教育模式的不断优化、学习方式的连续转变及教育评价的日益多元化。由于大学教育不仅是利用互联网和相关信息技术进行教学方式的创新，还包括如何有效利用互联网和相关信息技术提供的平台和空间，由此也引发了我们对大学教育本质的再思考。在此基础上，本章探讨了"互联网+"给中国大学教育带来的机遇和挑战。"互联网+"打破了权威对知识的垄断，让教育从封闭走向开放，极大地放大了优质教育资源的作用和价值，改变了大学教育的教学模式，并加速了教育的自我进化能力。

"互联网+"也催生出相关的教育市场，教育要素自发地在国际流动，使中国大学教育面临市场化和国际化的冲击，普通高校面临严重的优质生源危机，大学教育受到了深远的影响。因此，在接下来的章节中，我们将探讨如何借助互联网在高等教育中产生的越来越广泛而深入的影响，通过提升大学生的研究性学习能力来提升其创新思维与创新能力。

第三节　"互联网+"给高等教育带来的挑战

进入 21 世纪，随着互联网的广泛应用和普及，以及其对人类文明和社会进步带来的巨大冲击，促进了人类学习方式、学习方法和学习习惯的改变。随着"互联网+"时代的到来，我国的大学教育必将面对新的挑战。

一、"互联网+"使我国大学教育面临市场化的冲击

千百年来，大学一直被认为是知识和学习的中心。尽管科技手段带来了巨大的社会变革，如活字印刷机、电报、电话、无线电、电视机和计算机等的发明和使用，但是传播知识、评价学生的基本方式一直未变。有一种观点认为，正像那些以信息为核心的产业（如新闻媒体、报纸杂志、百科全书、音乐、动画和电视等）一样，高等教育很容易受到科技的破坏性影响。知识

的传播已不必局限于大学校园，云计算、数字课本、移动网络、高质量流式视频、即时信息收集等技术的可供性已将大量知识和信息推动到无固定地点限制的网络上。这一现象正激起人们对现代大学在网络社会中的使命和角色的重新审视。

在上述背景下，新技术催生出相关的教育市场，大规模公开在线课程开始备受人们的关注。社会公众认为，大规模公开在线课程不仅能充分利用有限的教师资源来教授大量课程，达到教学成果最大化的目的，还可以降低人们求学的经济成本，缓解大学教育面临的经济压力。虽然在线课程让更多人"走进了"课堂，但它依然饱受争议。比如，学者德尔班科坚称，"传统课堂上的教学体验是在线课程无法替代的"。另外，他告诉记者，"在线课程会催生教育界的'超级巨星'，例如哈佛大学政治哲学领域教授迈克尔·桑德尔（Michael Sandel）因在网上公开了自己的演讲而声名大噪，随即拥有了数量庞大的追随者。然而，这却给那些没有名气的教授带来了压力，使他们很难在教学中得到安全感"。他还对记者表示，"如今真正需要思考的是，有多少人能从在线课程中获得真才实学。关于'学生是谁''学生的具体问题是什么''怎样有针对性地解决学生的疑问'等问题，都需要教师与学生进行面对面的交流才能寻找答案。"

无论是否存在争议，大学教育已经发现竞争对手正在侵蚀自己的传统使命，它们包括营利性大学和非营利性学习组织、系列讲座的提供商，还有为特定行业和职业提供指导和认证服务的大批专业培训中心。相比实体教育机构，它们都能更快捷地提供规模化的网上教学服务。因此，尽管有时受制于财务预算短缺和抵制变革的学术文化的影响，高等教育管理者们仍在努力回应，并着手进行改革。

二、"互联网+"使高等教育面临国际化的冲击

事实上，经济全球化的迅猛发展，使得人力资源和物质资源在世界范围内的跨国、跨地区流动成为新常态。这种资源的流动已经渗透到教育领域，教育要素自发地在国际流动，教育资源自发地寻求优化配置，世界各国间的教育交流日益频繁，竞争更加激烈，并逐渐形成了教育国际化的大趋势。教育国际化既是经济全球化的必然产物，也是各国政府教育战略的重要目标。各国在人才培养目标、教育内容、教育手段和方法的选择上，不仅要以国内社会经济发展的需求为前提，而且还需适应国际产业分工、贸易互补等经济文化交流与合作的新形势。因此，教育国际化的本质归根到底就是在经济全球化、贸易自由化的大背景下，各国都想充分利用"国内"和"国际"两个教育市场，优化配置本国的教育资源和要素，抢占世界教育的制高点，培养出在国际上有竞争力的高素质人才，为本国的国家利益服务。

从方法论的角度讲，教育国际化就是用国际视野来把握和发展教育。从各国的教育国际化实践来看，教育要素在国际的流动，最早始于各国高等教育之间，并由此波及中等教育、基础教育、职业教育等领域。著名教育问题研究专家钟秉林认为："教育领域的人力资源流动就是教师和学生的流动，物质资源流动就是教学资源的流动，比如课程、教材、课件等。而这些要素流动的载体，就是各类不同形式的国际教育项目。"合作办学就是一个载体，通过这个载体，国际化的课件、教材都可以流动起来，同时伴随着的是学生和教师的国际流动。更重要的是，随着师生资源和教学资源的流动，必然伴随着教育观念、教学方式、管理方式的跨国流动与融合。通过教育国际化进行资源重新配置的方式有很多，比如出国留学与来华留学、访学游学与国际

会议、合作研究与联合培养、结成友好学校等，这些途径为教育国际化搭建了平台，为国际教育要素的流动提供了载体。

三、"互联网+"使大学生学习碎片化

祝智庭认为，学习碎片化起始于信息碎片化，进而带来知识碎片化、时间碎片化、空间碎片化、媒体碎片化、关系碎片化等，即学习者可以利用乘坐公交车、课间休息、睡前10分钟等零碎时间，通过网络获取一些零碎的知识进行学习。碎片化学习资源具有短小精悍、结构松散、传播迅速、生命周期短、去中心化、多元化、娱乐化、多方式表达、多平台呈现等特点，也正是因为这些特点导致学生会对网络学习产生障碍。

首先，碎片化知识短小精悍、结构松散促进了学生认知方式的转变，对新知识的呈现形态提出了新的要求；学生适应了简短的信息阅读方式，可能会对较长的信息和图书阅读产生不适感。而且长期以来，我们受到的大学教育都是系统的知识教育，要求学生能够对结构松散的知识进行加工构建，如若不行那么学生就会产生认知的障碍，甚至以偏概全。

其次，碎片化知识传播迅速，生命周期短，这样对学生的记忆能力提出了更高要求。一直以来，高校学生都习惯了纸质书籍这种连续的、线性的知识获取方式。先后信息相互联系具有一体性，这样便于学生对知识进行记忆。但是碎片化知识以短时间记忆为主，因此学生日后进行信息的提取时可能产生虚构和错构，导致信息失真。

最后，碎片化信息去中心化、多元化和娱乐化等特点，导致学生的思维不能集中，产生思维跳跃。知识碎片的多元化导致学生正在思考的内容很容易被环境中时刻变化的新信息吸引，尤其是娱乐信息吸引，因而无法围绕一

个主题进行深入思考。同时由于大量碎片化知识和唾手可得的信息中不乏有的信息内容空洞、缺乏价值甚至毫无价值，使学生对于这类信息全盘接受而不加以思考，会导致思维活动空洞，毫无深度可言。

正是因为互联网下的教育与各行各业的知识在不断融合，知识不断更新拓展，知识的复杂度加强，信息以指数级增长，且呈现出碎片化的形式，可用的资源虽丰富却也鱼龙混杂。在传统的学习模式下，学生对知识实行的是全盘接受，不须考虑其他，但是在互联网时代，却需要学生对知识信息进行加工处理，而这对学习能力不足、信息加工处理能力不足的学生来说是一个巨大的挑战。

第四章 大数据时代与高校数学教学

第一节 什么是大数据

大数据时代对人类的数据驾驭能力提出了新的挑战，也为人们获得更为深刻、全面的洞察能力提供了前所未有的空间与潜力。正如《纽约时报》2012年2月的一篇专栏中所称，大数据时代已经降临，在商业、经济及其他领域中，各种决策将日益基于数据和分析而做出，并非基于经验和直觉。在哈佛大学社会学教授加里金眼中，庞大的数据资源使得各个领域开始了量化进程，无论学术界、商界还是政府，所有领域都将开始这种进程。

一、大数据的定义

大数据指无法在一定时间范围内用常规软件工具进行捕捉、管理和处理的数据集合，是需要新处理模式才能具有更强的决策力、洞察发现力和流程优化能力的海量、高增长率和多样化的信息资产。

在维克托·迈尔-舍恩伯格及肯尼斯·库克耶编写的《大数据时代》中，大数据指不用随机分析法（抽样调查）这种捷径，而采用所有数据进行分析处理。大数据的5V特点（IBM提出）：Volume(大量)、Velocity(高速)、Variety(多样)、Value(低价值密度)、Veracity(真实性)。

对于"大数据"，有研究机构给出了这样的定义："大数据"是需要新处理模式才能具有更强的决策力、洞察发现力和流程优化能力的海量、高增长率和多样化的信息资产。

麦肯锡全球研究所给出的定义是：一种规模大到在获取、存储、管理、分析方面大大超出了传统数据库软件工具能力范围的数据集合，具有海量的数据规模、快速的数据流转、多样的数据类型和价值密度低四大特征。

大数据技术的战略意义不在于掌握庞大的数据信息，而在于对这些含有意义的数据进行专业化处理。换言之，如果把大数据比作一种产业，那么这种产业实现盈利的关键，在于提高对数据的"加工能力"，通过"加工"实现数据的"增值"。

从技术上看，大数据与云计算的关系就像一枚硬币的正反面一样密不可分。大数据必然无法用单台的计算机进行处理，必须采用分布式架构。它的特色在于对海量数据进行分布式数据挖掘。但它必须依托云计算的分布式处理、分布式数据库和云存储、虚拟化技术。

随着云时代的来临，大数据也吸引了越来越多的关注。大数据通常用来形容一个公司创造的大量非结构化数据和半结构化数据，这些数据在下载到关系型数据库用于分析时会花费过多时间和金钱。大数据分析常和云计算联系到一起，因为实时的大型数据集分析需要像编程模型一样的框架来向数十、数百甚至数千的电脑分配工作。

大数据需要特殊的技术，以有效地处理大量的容忍经过时间内的数据。适用于大数据的技术包括大规模并行处理（MPP）数据库、数据挖掘、分布式文件系统、分布式数据库、云计算平台、互联网和可扩展的存储系统。

最小的基本单位是 bit，按顺序给出所有单位：bit、Byte、KB、MB、GB、TB、PB、EB、ZB、YB、BB、NB、DB。

二、大数据的四大特点

1.海量性：目前，大数据的规模尚是一个不断变化的指标，单一数据集的规模范围从几十 TB 到数 PB 不等。简而言之，存储 1 PB 数据将需要 2 万台配备 50 GB 硬盘的个人电脑。此外，各种意想不到的来源都能产生数据。

2.多样性：一个普遍观点认为，人们使用互联网搜索是形成数据多样性的主要原因，这一看法部分正确。然而，数据多样性的增加主要是由新型多结构数据，以及网络日志、社交媒体、互联网搜索、手机通话记录及传感器网络等数据类型造成的。其中，部分传感器安装在火车、汽车和飞机上，每个传感器都增加了数据的多样性。

3.高速性：高速描述的是数据被创建和移动的速度。在高速网络时代，通过基于实现软件性能优化的高速电脑处理器和服务器，创建实时数据流已成为流行趋势。

4.易变性：大数据具有多层结构，意味着大数据会呈现出多变的形式和类型。相较传统的业务数据，大数据存在不规则和模糊不清的特性，造成很难甚至无法使用传统的应用软件进行分析。

三、大数据的三大特征

第一个特征是数据类型繁多。网络日志、音频、视频、图片、地理位置信息等多类型的数据对数据的处理能力提出了更高的要求。

第二个特征是数据价值密度相对较低。随着物联网的广泛应用，信息感知无处不在，信息海量，但价值密度较低。如何通过强大的机器算法更迅速地完成数据的价值"提纯"，是大数据时代亟待解决的难题。

第三个特征是处理速度快、时效性要求高。这是大数据区别于传统数据挖掘最显著的特征。

四、大数据主要分析技术

我们要想从急剧增长的数据资源中充分挖掘并分析出有价值的信息，就需要以先进的分析技术作为支撑。从宏观上看，大数据分析技术的发展所面临的问题均包含以下三个主要特征：

①数据结构与种类多样化，并以非结构化和半结构化的数据为主；

②数据量庞大并且正以惊人的速度持续增长；

③必须具备及时、快速的分析能力，即实时分析。

这些特征使得传统的数据分析技术很难满足要求，更加先进和优化的数据分析平台才是大数据时代更好的选择。目前及未来一段时期内，将主要通过分布式数据库或者分布式计算集群来对存储于其内的海量数据进行由浅入深的分析和分类汇总，以更加有效地应对大数据时代数据分析问题的三个主要特征以及满足大数据时代分析的基本要求。

五、传统的数学分析方法

柱状图法：柱状图会将所有数据展现在一个面上，各项目的具体数值可以直接在图上找到，使得在处理数据时既可以找到走势，又能找到具体值，从而更加方便。

直方图法：一种二维统计图表，两个坐标轴分别代表统计样本和该样本对应的某个属性的度量。正常情况下的直方图呈现中间高、两边低且近似对称的状态，而对于出现的异常状态，如孤岛形（中间有断点）、双峰形（出现两个峰）、陡壁形（像高山的陡壁向一边倾斜）、平顶形（没有突出的顶峰，呈平顶形）等，每种形态都反映了数据的不正常，继而反映事件的不正常，如陡壁形就说明研究的产品的质量较差，这时我们就要对数据进行更深入的整理。

折线图法：它是数据走向的最直观的表示，线的曲折变化对于评估各阶段数据的发展有极大的优势。在折线图上，还可以将各个相关因素聚集起来，根据图形形状也能更好地比较各个因素之间的主次。

回归分析法：它是在拥有大量数据的基础上利用数学统计方法，建立起自变量与因变量之间的回归方程，由此来预测自变量与因变量之间的关系。前面的柱状图、折线图、直方图都只能展现数据发展趋势，而回归分析中得到的回归方程可以将这些相关性量化，从而使之具有实用价值。回归分析的假定、统计和回归诊断对于线性回归极具优势。另外，对于非线性关系，回归分析也能通过虚拟变量、交互作用、辅助回归、条件函数回归等方式找到隐藏的信息。

六、基于大数据的数学分析方法

基于大数据的高维问题，需要研究降维和分解的方法。探讨压缩大数据的方法，直接对压缩的数据核进行传输、运算和操作。除了常规的统计分析方法（包括高维矩阵、降维方法、变量选择）之外，还需要研究大数据的实时分析、数据流算法。不用保存数据仅扫描一遍数据的数据流算法，考虑计算机内存和外存的数据传送问题、分布数据和并行计算的方法。如何无信息或无统计信息损失地分解大数据集，并且独立地在分布计算机环境进行推断，各个计算机的中间计算结果能相互联系和沟通，从而构造全局统计结果，研究多个数据资源融合的算法。研究和发现利用数据流寻找模型变化时间点的动态变化模型。针对多种不同的数据库环境，利用关系数据库技术，根据关键字（如身份证等）将很多小的数据库连接成一个大的数据库。另外，能无信息损失地将大数据库拆分为若干个小数据库。组合多数据库的不同数据集合可以做出有创意的东西。

大数据环境下，很多数据集不再具有标识个体的关键字，传统的关系数据库的连接方法不再适用，探讨需要利用数据库之间的重叠项目来结合不同的数据库；利用变量间的条件独立性整合多个不同变量集的数据为一个完整变量集的大数据库的方法；探索不必经过整合的多数据库，来直接利用局部数据进行推断和各推断结果传播的方法。另外，利用统计方法无信息损失地分解和压缩大数据。在多源和多专题的数据库环境中，各个数据集的获取条件不同、项目不同又有所重叠。在这种情况下，一种分析方法是分别利用各个数据集得到各自的统计结论，然后整合来自这些数据集的统计结论（如荟萃分析方法）。曾经提出的"中间变量悖论"就指出统计结论不具备传递性。例如，关于三个变量 A、B、C，变量 A 对变量 B 有正作用，变量 B 对变量 C 也有正作用，但是变量 A 对变量 C 可能有负作用。为了避免类似"中间变量悖论"现象的发生，可以先整合数据集，再利用整合的数据进行分析和推断。

现在，大数据早已不是什么新鲜的词，我们要有敏锐的目光、不断学习的心态，了解和掌握最前沿的大数据信息和方法。

七、大数据的未来趋势

（一）数据的资源化

所谓资源化，是指大数据成为企业和社会关注的重要战略资源，并已成为大家争相抢夺的新焦点。因而，企业必须要提前制订大数据营销战略计划，抢占市场先机。

（二）与云计算的深度结合

大数据离不开云处理，云处理为大数据提供了弹性可拓展的基础设备，是产生大数据的平台之一。大数据技术已开始和云计算技术紧密结合，预计未来两者关系将更为密切。除此之外，物联网、移动互联网等新兴计算形态也将一起助力大数据革命，让大数据营销发挥出更大的影响力。

（三）科学理论的突破

随着大数据的快速发展，就像计算机和互联网一样，大数据很有可能是新一轮的技术革命。随之兴起的数据挖掘、机器学习和人工智能等相关技术，可能会改变数据世界里的很多算法和基础理论，实现科学技术上的突破。

（四）数据科学和数据联盟的成立

未来，数据科学将成为一门专门的学科，被越来越多的人所认知。各大高校将设立专门的数据科学类专业，也会催生一批与之相关的新的就业岗位。与此同时，基于数据这个基础平台，也将建立起跨领域的数据共享平台。之后，数据共享将扩展到企业层面，并且成为未来产业的核心一环。

（五）数据管理成为核心竞争力

数据管理成为核心竞争力，直接影响财务表现。当"数据资产是企业核心资产"的概念深入人心之后，企业对数据管理便有了更清晰的界定，将数据管理作为企业核心竞争力，持续发展，战略性规划与运用数据资产，成为企业数据管理的核心。数据资产管理效率与主营业务收入增长率、销售收入增长率显著正相关。此外，对具有互联网思维的企业而言，数据资产竞争力所占比重为 36.8%，数据资产的管理效果将直接影响企业的财务表现。

（六）数据质量是 BI(商业智能) 成功的关键

采用自助式商业智能工具进行大数据处理的企业将会脱颖而出。其中，要面临的一个挑战是，很多数据源会带来大量低质量数据。想要成功，企业需要理解原始数据与数据分析之间的差距，从而消除低质量数据，并通过 BI 获得更佳决策。

（七）数据生态系统复合化程度加强

大数据的世界不只是一个单一的、巨大的计算机网络，还是一个由大量活动构件与多元参与者元素所构成的生态系统——终端设备提供商、基础设施提供商、网络服务提供商、网络接入服务提供商、数据服务使能者、数据服务提供商、触点服务、数据服务零售商等一系列的参与者共同构建的生态系统。而今，这样一套数据生态系统的基本雏形已然形成，接下来的发展将趋向于系统内部角色的细分，也就是市场的细分；系统机制的调整，也就是商业模式的创新；系统结构的调整，也就是竞争环境的调整等，从而使得数据生态系统复合化程度逐渐增强。

第二节 大数据与高校数学的联系及应用

一、从高校数学建模教育角度看人工智能与大数据

"人工智能"和"大数据"在这几年里曝光率极高。它们似乎无处不在：智能手机、智能电视、智能购物、智能投资，甚至是智能厨房。它们也似乎无孔不入：金融证券中的大数据、电子商务中的大数据、医疗制药中的大数据，甚至是文物保护中的大数据。人们在享受着智能科技带来的便捷的同时，也面对着它所带来的社会问题，甚至是伦理和法律的问题。好在广泛的讨论正在各个专业领域及互联网上如火如荼地进行，发展中的问题正在通过发展的方式逐步解决。

在教育行业，"大数据"这个名词近些年来也被"反复引用"，评估学生学业、提供就业指导、生成练习题或试卷。甚至很多教育教学项目的申请书中都有"大数据"这三个字。但与此同时，关于人工智能、大数据与高校学科课程的结合，却没有被讨论很多。这里悄然藏着这样一系列问题：

人工智能和大数据到底应不应该作为课程被引入高校？

人工智能和大数据到底能不能作为课程被引入高校？

人工智能、大数据和传统高校学科课程的关联在哪里？如何引入？怎么教？

初看这三个问题，可能觉得它们之间是层层递进的关系，或者觉得是整体和局部的关系，但是不然。上面的三个问题其实本质上就是人工智能和大

数据引入高校数学课程中，对高校学科课程有无益处？代价是什么？

本节就从高校数学建模教育的角度，谈一谈对这个问题的认识和解答。一家之言，希望能抛砖引玉。下面将从三个方面展开：第一，从数学的角度揭开人工智能和大数据的面纱——都是几何的问题；第二，从高校数学建模教育的大概念去理解人工智能和大数据——视为难得的案例；第三，从学科交叉的角度认识人工智能和大数据——基于目标的推动。

（一）从几何角度认识人工智能和大数据

从狭义的角度提人工智能，其实指的就是"机器学习"。这个"机器"可以是计算机、单片机，也可以是其他形式的机械；这个"学习"可以在软件层面上实现，也可以在硬件层面上实现。那什么又是"机器学习"呢？这就要涉及一些概率和统计了。

统计是人类对自然现象和社会现象的数学表达，概率则是这种表达所反映出的规律。

机器学习就是要利用机器（最常见的是用计算机）上可以自动运行的算法，通过分析纷繁的样本，去寻找这些统计数据的分布规律，这个分布规律在数学上以函数的形式呈现，被称为概率密度函数，用它可以计算样本散落在某个区域里的可能性。为方便起见，我们记这个想要寻找的概率密度函数为 $F(x)$。

寻找函数 $F(x)$，尤其是设计一套可以在计算机上自动运行的算法去寻找，并不是一个简单的问题。从 20 世纪 80 年代开始，在科学家的探索下，逐渐形成了机器学习的 4 个步骤：

第一步，通过观察数据，选取（一般是靠不完全归纳）一个适当的函数模型（带有参数的函数）$G(x, a)$，这里的 a 为参数（绝大多数时候，参数不仅一个，这里仅作为示例）。

第二步，建立一个度量泛函 $d(F, G)$ 来衡量不同的函数 G 和 F 间的"距离" $d(F, G)$。直观上理解，这相当于建立了一个评价机制，以评价不同参数 a 所对应的 $G(x, a)$ 谁更接近 $F(x)$。

第三步，根据第二步建立的评价机制，用演绎的方法推导出迭代算法，利用这个算法，可以生成一串参数值 a_1，a_2，a_3……使得对应的函数 $G(x, a_1)$，$G(x, a_2)$，$G(x, a_3)$……离 $F(x)$ 越来越近，最终利用极限找到对 $F(x)$ 逼近程度最佳的参数 a 的取值。

第四步，证明第一步选取的函数模型 $G(x, a)$、第二步建立的度量泛函 d、第三步推导出的迭代算法对于数据源的有效性（能否达成目的）以及敏感性（换了一批数据后是否还适用）。

机器学习如图 4-1 所示。

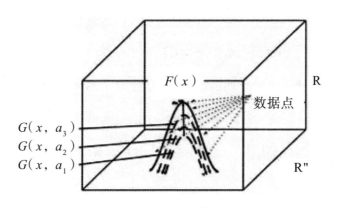

图 4-1　机器学习示意图

可不要小看这四步，它们各自都有着深刻的内涵。

在第一步中，为了找到适当的函数模型，数据是最关键的因素。如果数据不够多，选取的函数模型就很片面；如果数据不够及时，选取的模型又很滞后；如果数据的维度不够多样性，选取的函数模型往往会很怪异，而且难以继续——就像是把一个立体的雕塑压缩到底面上，如果仅观察雕塑在底面上的投影，往往难以看出其本来的样子。所以，我们希望数据能同时满足充分多、及时性和多样性。这也正是大数据所谓的 3V 特征，即 Volume、Velocity、Variety。从这个角度来讲，大数据是人工智能的必然要求。

在第二步中，合适的度量可不容易找到，这主要在于直观想象和数学抽象之间的鸿沟——我们总希望找到的"距离"泛函是满足我们生活中对于距离的"感觉"的。具体来说，有三条：距离总是大于或等于 0、"A 和 B 的距离"与"B 和 A 的距离"在数值上相等、"A 和 B 的距离为 0"当且仅当"二者重合"。但可惜的是，一般情况下，具有明显现实意义的度量往往不会同时满足这三条，而且问题往往出在最后一条上。几何上的解决办法就是利用一种"提升"，将问题放到更高的维度上去考虑。在数学上，这对应了代数几何学中一个非常重要的分支——奇点解消。

在第三步中，由于实际工作中的数据往往维数很高，涉及多维数据的运算，这时向量、矩阵向量空间也就被拉进了舞台。

在第四步中，一个重要的意识起到了作用，那就是"不同的数据会对应不同的模型"。这是一种朴素的数据观，也是简单有效原理的一种表现——如果一个简化模型对于一类数据都是适合的，那么它就具有一定的应用价值。这一步中往往要用到微分学，因为那正是一门考量自变量变化对因变量变化影响趋势的学问。

回顾这 4 个步骤，从第一步到第四步，无一不是几何问题：第一步中依据数据的空间分布，寻找恰当的函数模型，相当于在寻找一类符合数据分布趋势的曲线或曲面；第二步中构建评价机制，也是通过建立"函数与函数的距离"来完成的；第三步中，对高维空间的描述和线性空间中的运算，又是几何的内容；第四步中，求函数在某一点处的导数等价于研究这一点处函数图象切线的斜率，在高维中对应于研究曲面在某点处的切空间，这又具有很强的几何背景。这样看来，如果不考虑计算机编程实现，"机器学习"或者说是其代表的"人工智能"可不就是一个几何问题嘛！

（二）人工智能和大数据是高校数学建模教育的优质案例

上面的讨论将机器学习看成了一个几何问题——虽然中间穿插着代数、分析甚至拓扑技巧的使用——这样做有一个好处，就是很容易和高校数学课程的内容产生联系。

几何是纷繁复杂的，事实上在数学里三维的几何都还没有被研究清楚。在近代数学中，几何研究不断地向其他分支，如微分方程、拓扑和代数，提出关键的问题，这些问题极大地推动了这些分支乃至整个数学的发展。

在高校数学中也是如此。在新课标高考方案颁布之前，高考数学的 6 道解答题里，解三角形或三角函数、立体几何、导数、解析几何共 4 道大题，都是几何背景的题目。这样安排的原因之一是，具有几何背景的题目可以极大地关联高校数学的重要知识点，容易命制综合题目。如果这样看，不仅仅在应试中，在高校数学的教学中，将几何作为一条主线，也是大有裨益的。

不仅如此，新课标中提出了 6 个高校数学学科核心素养：直观想象、数学抽象、数学建模、逻辑推理、数据分析和数学运算。其中，数学建模是相较上一版课标新加入的一条，其作用是在学以致用的观点下，将其他 5 个核心素养关联到一起。所以，数学建模作为核心素养，与其说是一种技术，不如说是一种意识或观念。

既然提出了核心素养，想要落实就不能不提到"基于标准的学习"。"基于标准的学习"是时下热门的教育理念，但什么才是真正的标准呢？我们绝不希望学生止于记住几条公式，或者记住一堆技巧，而应是习得属于学科本质的、在未来的很多年里可以留在思维里并在工作和生活中反复使用的那些原理。这些最为核心地体现学科本质的原理，在国外大学选修课程体系中被称作"Big Ideas"，在中国被翻译成"大概念"。

2009年10月，来自美国、中国、英国、法国、加拿大、智利、墨西哥共10位IAP-IBSE专家委员会的专家汇聚苏格兰的罗斯湖畔，一起探讨在知识爆炸性增长、科学技术快速发展的形势下，基础教育阶段的科学教育应该如何进行。该会议的成果为《科学教育的原则和大概念》一书，该书明确给出了科学教育的10项原则和基础教育阶段应该学习的14个科学大概念。

可惜的是，虽然书中的14个大概念包含了4个学科的内容，但其中并没有包括数学。这里面有非常深刻的原因，不是本节讨论的要点，本节也无力给出数学学科的大概念。但是，着眼于"数学建模"这一个核心素养，将其继续细分，笔者想可以提出如下5条针对高校数学建模的"大概念"：

①数据中反映的信息能够被抽象成某些数学模式；

②基本假设是模型的公理化体系，不同的基本假设代表不同的观点，基本假设需要根据模型效果反复修正，相似的模型可用于解决具有等价基本假设的问题；

③数学模型的建立包括评价函数（或数学方程）的寻找，以及约束条件（或边界条件）的确定；

④参数的灵敏性分析可以为先验设定提供依据，同时也能帮助寻找核心参数；

⑤具有合理基本假设且用恰当数学方法求解的数学模型可以用来解释客观世界，并指导现实工作。

如果将前面机器学习的 4 个步骤和上面的这 5 条大概念放在一起，就会惊喜地发现：机器学习或者说是其代表的人工智能与大数据，就是体现这 5 条大概念的一个优质案例。机器学习的 4 步骤与数学建模的 5 条"大概念"间的对应关系如图 4-2 所示。

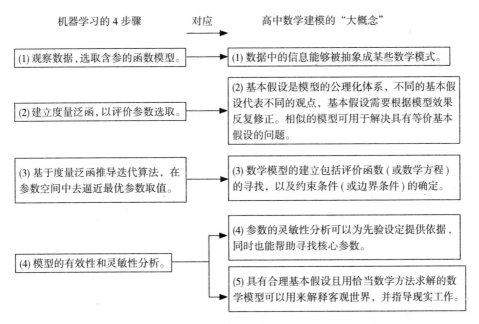

图 4-2　机器学习的 4 步骤与数学建模的 5 条"大概念"间的对应关系

既然是优质案例，就需要考虑如何在课堂当中去落实。这时，首要考虑的就是学生的学习情况。

目前，我国的高校学生在常规课程里面并没有涉及线性代数，也没有涉及多元函数微积分。但是，线性代数及多元函数微积分又在机器学习的理论中扮演了重要助手的角色。这使得大学生机器学习的第一步无法有效进行。不仅如此，因为智能科技多以封装完善的产品被大众使用，而大众并不了解，也无须了解"智能"的数学来源，所以就使学生在刚刚接触机器学习时，对"智能"这个名词会产生困惑。

通过以上三个角度的观察，归纳出机器学习这个案例在落实的过程中将面临的三个矛盾：

矛盾1：机器学习理论中所需的丰富数学基础和高校数学课内知识相对单薄间的矛盾。

矛盾2：机器学习对于函数模型的经验需求较高，和大一学生经验不足间的矛盾。

矛盾3：机器学习的"智能"源自数学结构，和学生感受的"智能"多源自生活间的矛盾。

解决这三个矛盾的诀窍，就隐藏于"分层分目标的教学"中。

首先，机器学习作为高校数学建模的案例，应放在高校高年级（大二、大三）进行教授。此时，学生已经接受过基本的数学建模思维的渗透，并且对函数模型有了初步经验，这样可以解决矛盾2。

同时，在介绍复杂的机器学习机制（如神经网络）之前，应先通过简单的数学结构来引导学生观察智能的来源。

进一步地，讲授机器学习不宜对所有学生采用统一的要求和标准。即使未来的世界是人工智能和大数据大放异彩的时代，也并非所有想要在这个时代有所成就的人都需要掌握机器学习的技术。事实上，很多人只要了解机器学习最基本的概念和方法，并赏析几个机器学习的实例，以保证他们将来想要应用机器学习时，可以找到正确的方向和擅长该技术的合作伙伴就足够了。而有更高需求的学生可以利用校本选修课和大学选修课补充深入学习所需的知识。这就解决了矛盾1。

这样的考虑实际上给出了高校阶段讲授机器学习的三个原则：

原则 1：机器学习的教学适合在高校高年级展开，作为高校数学建模教学的案例。

原则 2：利用数学课内题目，向学生渗透"智能"来自"极限和稳定收敛性"。

原则 3：按学生兴趣社团、常规课程、校本选修课程的三级，由浅入深分层分目标实施。

这样做的一个好处就是对师资的要求相对降低，不需要另外聘请很多人工智能方面的专家，只需要稍加培训，就可以完成绝大多数情况下的教学工作。

（三）人工智能和大数据是 STEAM 教育的最佳推动

作为缩写，"STEAM"代表科学（Science）、技术（Technology）、工程（Engineering）、艺术（Art）、数学（Mathematics）。STEAM 教育就是集科学、技术、工程、艺术、数学多学科融合的综合教育。通常认为，STEAM 教育相较传统教育可以带来如下 6 个好处：

①激发好奇的天性和主动探索能力；

②培养学生各方面技能和认知能力；

③在动手实践过程中培养创新意识；

④引导同伴之间的合作和强调解决问题的能力；

⑤重视对艺术、文化软实力的培养；

⑥创造机会让孩子去发展有趣的创意思维。

但是，好处归好处，好处可不是由简简单单的一个称为"STEAM"的名词带来的，而要靠将这个理念在课堂上基于学情和课标去科学地落实而获得。

　　人工智能和大数据本身就是一个需要多学科协作的庞大工程——数据样本采集各自领域，采集的方式要依靠各个学科的专门技术，以及相应的电子设备；数据的储存和传输依赖于半导体技术、材料科学和通信科学的发展；有了数据，算法的理论支撑来自数学，算法的实现则要靠计算机科学乃至电子科学，结果的应用又要依赖各个领域的专门人才。所以，很容易将人工智能和大数据放到"交叉学科"这个范畴中来。

　　交叉学科缘起于学科交叉，是两个或多个学科相互间的合作不断深化的产物。例如，近年来新兴的进化金融学就是生物学和金融学之间学科交叉的产物，演化证券学则是生物学和证券学之间学科交叉的产物。交叉学科激发了很多新兴的技术和职业，也是人类知识和社会财富爆发增长的一个源泉。

　　所谓"学科交叉"，不是把问题在多个领域之间翻译来翻译去，而是多个学科相互合作，各自解决同一个大问题中自己擅长的那部分，最后将结果整合起来。关于学科交叉，如图 4-3 所示。

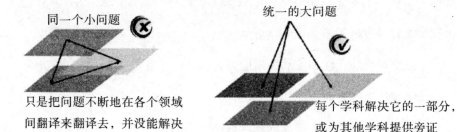

图 4-3　学科交叉

　　"用学科的语言解决学科内的问题"，在教育中，尤其在基础教育阶段，非常重要。以人工智能为例，它可以作为一门数学选修课，也可以开设成计算机选修课。学生如果想要学习数学理论的部分，就去上数学选修课；如果想要学习计算机实现的部分，就去上计算机选修课。最可怕和耽误时间的就是在数学课上讲计算机，而在计算机课上讲数学。当然，这不是对数学课上使用信息技术而在计算机课上使用数学的否定，只是针对课程目标来说——如果学生对两个方面都感兴趣，且有时间和精力，那就同时去上这两门选修课。甚至数学理论和计算机实现可以合并在同一门选修课中各自作为前后几个章节，但是绝不可以用计算机科学的语言去讲数学的理论，又用数学的语言去讲计算机科学的技术。一旦这样做了，学生将失去扎实的学科基础，将来也解决不了交叉学科的问题。就好像一个电工，本来可以背上一个分门别类的工具箱去工作，遇到什么情况就抽取什么类别的工具，清晰又迅速，而他却把所有工具一股脑儿放进一个大口袋里，遇到情况找来找去也找不清楚。更可怕的是，如果这位电工是个新手，还很容易因为认错工具而发生事故。

基于目前我国高校师资水平及其工作量上的考虑，建议还是将交叉学科拆分成多个选修课，由不同的教师负责教授不同的部分。这些教师可以组成一个课题组，不定期研讨、协调各课程进度和设计，以期服务于学生的系统性学习。当然，根据不同地区和不同学校的学生学情，内容的选择上要有所取舍，不可以让学生吃夹生饭，宁可减少课程容量，也应首要保证课程的系统性。

二、基于大数据分析下的数学课堂教学策略

（一）更新教学思想，构建数据分析观念

很多的教师因为受传统的教学观念的影响，思维方式和教学方法都已经模式化了，并没有树立数据分析的教学观念。如果教师的教学观念还没有及

时更新的话，那么教学行为在这些思想的影响下还是不会出现根本性的变化。各位教师应该牢牢把握住数据分析的观念，在实际教学中，帮助学生构建数据分析的知识框架。在高校数学教学中，教学方法、教学模式难免会受其自身教学观念的影响，因而数学教师必须先更新教学思想，构建数据分析观念。随着大数据时代的来临，数据分析也日益受到人们的关注与重视。因而，有必要在数学课堂教学构建相应的背景，构建数据分析观念，使学生树立数据分析的意识，并对其予以重视。

（二）勇于探索，在数学教学中尝试分层教学

在现行的高校数学课堂教学上，一般采取班级统一上课的模式。这样的教学模式比较固定，缺乏新意，不利于培养和发展学生的个性，更不利于挖掘学生的潜能。我国古代教育家孔子曾提出"因材施教"，就是要求教师根据每个学生不同的情况，对学生进行不同类型的教育。在高校数学课堂教学中，教师可以对学生尝试分层教学。一个班有众多的学生，学生与学生之间存在着个体、个性差异，对不同的学生进行不同类型的教学，能够促进有效教学。对个性化差异和个体化差异比较明显的小学生，也可以尝试不同的教学方法，尝试全新的教学模式。对不同基础和不同背景下的学生，要正视其存在的个体差异，对他们进行分层次的教学，这样有利于促进学生更好地学习数学，也有利于充分挖掘学生的数学潜能。

（三）学会运用大数据分析和获取数据中的有用信息

在高校数学教学中，教师应注意引导和帮助学生学会运用大数据分析和获取数据中的有用信息，充分调动学生学习数学的积极性和主动性。通过激

发学生的学习兴趣，帮助学生提高他们的学习效率，这样既有助于促进学生全面发展，也有助于提升高校数学课堂教学的效率。举例来说，教师可以结合高校数学教材内容、大数据分析工具，制订教学计划。例如，在学习"空间向量"这一章时，教师可以引导学生结合实际生活，充分发挥想象力，对空间向量进行思考;还可以引入与空间向量相关的内容，通过相关数据分析，帮助学生加深对知识的理解。同时，带动学生主动思考，积极参与课堂互动。此外，教师还应教学生学会获取数据中的有用信息。

利用大数据可以清晰地看出每个题学生总体答题情况。通过对它的研究，可以了解总体学生的知识点的掌握情况，从而改进教学，培优补差。教师可以在具体教学过程中，引导学生利用大数据对相关数据进行分析，然后从中获取有用的信息，以帮助解题。

（四）引入数据挖掘算法，提升数学运算能力

数学教师除了按照教学大纲要求完成教学任务之外，还要注意在数学课堂中引入数据挖掘算法，注意提升学生的数学运算能力。一方面，数学教师要利用大数据分析工具密切关注学生对所学数学知识的掌握情况，另一方面，还要密切关注学生对数学运算能力的掌握，引导和帮助学生学会收集数据和使用数据，利用大数据中的数据挖掘算法，培养数学解题能力。对高校学生而言，数学运算能力是其必须掌握的，因为数学运算能力是学好数学的前提和基础。因而，数学运算能力非常重要。举例来说，在高校数学的运算中，涉及函数、指数和向量等计算，而这些计算相对而言又比较复杂，如果在计算过程中出现失误，将导致整个运算结果错误。这就要求学生具备较强的运算能力，在运算过程中保持细心、认真和严谨的态度进行运算。在高校

数学教学中，教师要教学生运用不同的数学方法进行解题，让学生学会举一反三。

通过以上的诊断报告可以清晰地看出相关知识点的掌握情况，从而更加准确地了解学生的薄弱的知识点，有利于我们反思教学，查漏补缺。

（五）学会分类，重视数学知识的积累

高校数学学科是一门具有较强的抽象性和较强的逻辑性的学科，知识点还比较多，这就要求学会分类，对各类数学知识进行分门别类。这样，有助于加深对知识的理解，也有助于理清数学知识的脉络，促进学生更好地进行下一阶段的数学学习。此外，还应重视数学知识的积累。高校数学知识具有较强的连贯性和衔接性，学生在学习过程中如果出现知识点断层问题，很容易影响下一阶段的数学知识学习，致使前期所学的知识与后期将要学习的知识无法较好地衔接，影响学生的学习积极性，也会在一定程度上影响学生的整体成绩。因而，在高校数学教学过程中，教师要注意帮助学生做好相关知识点的复习和巩固，加深学生对前期所学知识的印象。例如，在高校的数学学习过程中，教师对十字相乘法已经不做要求了，同时对三次或三次以上多项式因式分解也不做要求了，但是到了高校教材中却多处要用到。另外，二次根式中对分子、分母有理化也是高校不做要求的内容，但是分子、分母有理化却是高校函数、不等式常用的解题技巧，特别是分子有理化应用更加广泛。所以，教师在教学过程中，应该多复习以前学生学过的知识，将其进行一定的积累，同时也能为其今后数学知识的学习奠定良好的基础。此外，还要养成良好的数学学习习惯和数学知识积累意识，在实际学习过程中，充分重视数学知识的积累，通过各种不同的方式促进对数学知识的理解，并且学

会运用自己所学的数学方法来解决数学问题。通过这种方法，能够使学生不断地巩固所学的数学知识，提升数学解题能力和整体数学素质。

（六）感悟数字化的便利，学以致用，提升数学应用意识

大数据时代的来临，改变了人们以往的生活方式，改变了人们生活的方方面面，也在一定程度上改变了数学课堂教学。举例来说，大数据时代的来临改变了高校数学课堂教学的形式、方法等。教师可以通过大数据提供的数字化信息，运用多媒体设备进行备课及给学生布置作业，还可以利用大数据分析班里每位同学的学习情况。在数学学习过程中，学生在感悟数字化的便利的同时，还要学会将所学的数学知识融会贯通、学以致用。当然，有一点必须强调：无论哪一学科，都有其自身的特性及作用。以高校数学学科为例，数学是一门科学性与综合性较强的学科，其作用之一就是能够培养人的逻辑思维推算能力。并且，数学还是一门与我们生活息息相关的学科。因而，在学习数学这门课程时，教师要当好向导的角色，注意培养学生的数学学习意识，要让学生学以致用，注重提升他们的数学应用意识。

第五章 "互联网+"时代高校数学课堂教学模式创新应用

第一节 "互联网+"时代高校数学课堂教学模式改革

随着我国高等教育改革的深化,作为高等院校教学工作重心的数学课堂教学也在积极探索改革的方法,以适应信息时代对高素质专门人才和拔尖创新人才培养的需要。特别是在"互联网+"的背景下,高校数学课堂教学与传统的数学课堂教学相比存在很多差别。这就要求高等教育的数学课堂教学模式要紧跟时代的步伐,改革现有的教学模式,实现教学能力和水平的全面提升。

一、高校数学课堂教学模式变革的动因

(一)传统数学课堂教学模式的现状

传统的数学课堂教学模式以教师讲、学生听为特点,当下大学生多为00后,他们有个性、有想法。面对00后的大学生,传统的授课模式已经无法满足学生的个性化需求。通过观察,我们会发现大学课堂的很多怪现象,如上课睡觉、大量"低头族"、交头接耳等。这些现象说明传统课堂教学效果不佳。互联网的普及和5G时代的到来,对高校数学课堂教学产生了重要的影响,探索网络时代大学数学课堂教学模式变革的重要性越加凸显。

（二）学习模式的转变

传统的学习模式下，学生获取知识或信息的途径仅限于教材、课堂，随着互联网的快速发展及智能手机的全面普及，信息的瞬间传播成为一种生活常态。当下，互联网成为信息与知识的主要来源。在互联网的冲击下，学习者可以在任何时间、任何地点获取海量的信息。学习不再是被动接受知识的过程，而是作用于环境的信息理解和知识建构。因此，教师必须调整自身定位，成为学生学习的伙伴和引导者。这种新型的学习模式给传统的课堂教学带来了挑战，为学习者提供个性化的学习指导，已成为高校教学模式变革的原动力。

（三）大规模网络开放课程的兴起

伴随互联网与高等教育的深度融合，网络开放课程不断涌现。一是国际性慕课的出现，即国外大学公开课引发了翻转课堂、微课等新型教学模式的探索。慕课的崛起，开启了信息时代学习的新时空、课程的新天地。二是来自我国大学优质共享课程的建设与开放，展示了我国大学视频公开课的优秀成果。学生可以随时进入这些开放课程浏览学习，免费享受共享课程的学习体验。成功的慕课，要求教师成为一名优秀的课程设计师和出色的演讲家。教师既要像电子游戏的设计师一样环环相扣地设计课程环节，又要像演讲家一般将每一个环节都生动形象地讲授出来。因而，在大规模开放课程的冲击之下，照本宣科和满堂灌式的教学将失去立足之地。

二、"互联网+"时代高校数学课堂教学模式的意义

"互联网+"是将互联网技术与传统行业技术相互融合、相互整合而发展的一种新形态和新业态。"互联网+"对提高高校数学课堂教学质量和人才培养质量具有重要的意义。"互联网+"使高校教育的生态环境得到了改善，使高校传统教育焕发出新的活力，也为高校教育教学发展带来新的契机。"互联网+"使得高校的教学模式从封闭走向开放，实现了高校"教"与"学"的深度融合，高校学生学习的主观能动性得到了极大提高，师生良性互动显著增强。

三、"互联网+"背景下高校数学课堂教学模式存在的问题

（一）授课方式单一

当前，我们在教学过程中主要的组织形式还是班级授课，教学方式仍以传统讲授为主。这种教学模式能帮助教师在短时间内高效地完成本门课程的教学任务，教师在教学过程中的主导地位不容置疑，有利于教师对课堂和学生的管理。但是在"互联网+"的时代背景下，这样的教学模式太过重视理论知识的传授与指导而忽视了学生实践能力的培养与提升，对学生无法因材施教，导致理论与实践严重脱节，这显然不符合新时期教育发展的方向与目的。

（二）学生学习的主动性、积极性较差

学生在课堂中的表现是课堂教学成败的关键。正如苏联教育家苏霍姆林

斯基所说："如果教师不想方设法使学生产生情绪高昂和智力振奋的内心状态，就急于传授知识，那么这种知识只能使人产生冷漠的态度，而不动情感的脑力劳动，就会带来疲倦。"在目前人力资源管理课堂中，多数教师仍采用照本宣科的授课模式，教师讲课方式缺乏激情，与学生之间的沟通和交流较少，这就给学生留下了课堂枯燥乏味的印象，逐渐失去了对课程的兴趣。而处于青少年时期的大学生自制力较差，但是他们对于新鲜事物和敏感信息兴趣浓厚，这就使与枯燥无趣的讲课方式相比，他们会转而关注手机、电脑、课外书等一些娱乐工具，学习的积极性、主动性自然会逐步下降。

（三）"教"与"学"脱节问题突出

目前在教学过程中，教师大多采用常规教学手段，占据了大部分的上课时间。而高校中对教师的管理较为宽松，多数教师基本上上完课就离开了，留给学生与教师的交流时间非常有限。除非教师专门辅导，否则大部分学生的很多问题都得不到及时解决，教师的教学成效很难真正有效地体现出来。"教"与"学"严重脱节。

四、"互联网+"背景下高校数学课堂教学改革路径的选择

（一）转变教学观念，构建以学生为主的教学模式

"互联网+"环境下倡导以学习者为中心，教师在教学活动中的主导地位发生了改变，由"教学"转变为"导学"，教师的角色由传道、授业、解惑者转变为学习者的向导、参谋、设计者、协作者、促进者和激励者，而这种转变使得高校的教育模式必然会更加开放。在这种环境下，教师更应该注

重学生应用能力和创新能力的培养，因此教师需要更高层次的教育教学能力，熟练掌握现代教育技术，充分研究教学的各个环节，才能适应"互联网＋"环境下的新的教育需求。作为从事高校教育的教师，要学会适时转变教学观念，跟踪现代教育思想的发展，不断更新知识，提高自身素质，努力适应学习化社会的需求。

（二）转变学习方式，提高学生的积极性、主动性

倡导以弘扬高校学生的主体性、能动性、独立性为目标的自主学习，是目前高校教学改革的一个重要举措。首先，在进行自主学习的时候，学生要加强自我管理，清除学习中的干扰因素，使用固定的学习区域、固定的学习时间，最终养成习惯并固化。其次，加强合作互助式学习。学生可以以建立学习小组、利用互联网建立讨论组、参加学习论坛、参加学校的社团的方式进行合作互助式学习。通过合作互助增强学习效果，提高学习效率。最后，在自主学习中，学生要积极与教师沟通交流，这样不仅可以增强师生友谊，而且可以增强学生自主学习的效果。

（三）转变教育理念，营造有利的教学氛围

"互联网＋"改善了高校教学资源分布不均、发展不平衡的情况，其教学方式不再受时间和空间的限制。在"互联网＋"环境下，高校要转变教育理念，可以让学生通过跨校选课、学分互认、师资合理流动等方式实现优质课程资源的共建共享，为社会培养优质人才。"互联网＋"为高校课程教学改革提供了新的机遇和挑战。"互联网＋"时代的高校教师应当时刻把握互联网信息技术的发展与进步，才能更容易让学生理解和掌握自己所授的专业知识，真正实现教学效果的提升。

第二节 "互联网+"时代高校数学教师信息化教学能力的提升

"互联网+"教学已成为研究热点。大数据、云计算、智慧地球等技术手段的相继出现,丰富并完善了教育教学的手段与方法。在"互联网+"教学时代,信息化教学能力成为当代高校数学教师最重要的职业素质与核心竞争力。

一、"互联网+"时代高等教育发生的变革

(一)培养目标的改变

在"互联网+"时代背景下,社会大环境发生了翻天覆地的变化。社交网络的普及、大数据热潮的出现,意味着教师与学生所掌握的信息技术应用能力,以及通过信息技术手段进行教学的创新创造能力成为新环境下竞争的核心技能。在当下,人才核心竞争力的改变,要求高等院校在人才培养目标方面从过去重点强调知识传授、原始技能培养转变为传授学生生存于信息化社会的方法与能力。相比于知识本身,获取知识的技能变得越来越重要,这些技能包括学习创新技能、数字素养技能、职业素养技能,其中,"数字素养技能"的内涵更丰富、更重要,它也是"互联网+"时代社会竞争的核心技能。

(二)培养对象的变化

美国著名学习软件设计家马克·普连斯基(Marc Prensky)于2001年在《数字原住民,数字移民》一文中按人类信息技术接受与应用程度将学习

者分为"数字原住民""数字移民"和"数字难民"三大类:"数字原住民",是指在数字时代成长的新生代,他们能易如反掌地应用数字工具和现代通信方法;"数字移民",是指社会中年纪较大的成年学习者,他们成长时没有数字技术工具的陪伴,成年后开始接触数字科技,只有经历较为艰难的学习过程才能适应崭新的数字化环境,才能与周围的"数字原住民"有效沟通;"数字难民",是指社会上选择逃离而不融入本土文化的老年学习者,他们逃避面对,甚至反感数字化生活方式。按照这种分类方式,今天的高等教育所培养的对象堪称真正意义上的"数字原住民"。从小生长在信息化、抽象化、数字化的社会里,手机、电脑、网络就是他们生活的工具与环境,数字化是他们的生存方式,因此他们的学习兴趣、学习方法、思维模式、情感交流方式与过去的"数字移民"学生相比发生了巨大的改变。如今高等教育培养的对象可以称得上"数字土著",他们的思维方式在一定程度上体现出超文本的、跳跃的特点,更喜欢视觉的冲击和多种感官的刺激,倾向于视觉化的、图表化的表达方式,如各种网络表情在社交中的广泛应用已经成为"数字土著"学生语言的一部分。在日常学习工作中,他们更倾向于寓教于乐的学习方式,利用互联网,他们消息搜索获取速度快,接受新事物速度快,学习新事物速度快,掌握新技术速度快,网络语言传播速度快,朋友之间沟通速度快。

(三)教学环境的改变

电脑和多媒体丰富了传统的课堂教学,现在数字终端和互联网成为推动教学创新与教学变革的强大外力。随着"互联网+"时代的到来,特别是网络技术与移动通信技术的成熟与广泛应用,大大拓展了教学的空间,延长了教学时间;信息密集、快捷方便的远程教学、虚拟学校使得教学不再受时间、地点的约束,学习环境更加自由,教师教学灵活性提高,学生学习自主意识不断增强。

二、"互联网+"时代信息化教学与传统教学的辩证关系

从技术与教学互动的发展史来看,教学形态出现了从传统教学、多媒体教学到信息化教学的发展趋势。"互联网+"是个新生事物,它的出现与教育教学相互融合渗透,创造出无限可能的教学形态。"互联网+"热潮的出现,一方面要求教育工作者要关注时代为现有教育教学带来的机遇与挑战,思考现有教学方式的不足,利用"+"的无限可能改进现有教学方式,提升教学效果,另一方面,"互联网+"时代的信息化教学改变了知识传播的载体,相比传统教学,信息化教学在知识传播方式与传播效率方面具有显著的优势,但这并不意味着传统常态教学方式会完全被信息化教学所取代。

在如今这个包容、多元化的教学环境下,探索和发挥各种教学方式联合使用的优势应该被大力提倡,同时教育工作者还应该保持清醒的头脑与认识,不管在什么时代,采取何种多样化的教学手段,"教"与"学"才是根本出发点,它并不会因为时代的改变、教学手段的改变而变成非教学的东西,所以无论是现在普遍采用的多媒体教学方式,还是"互联网+"信息化教学方式,教师与学生始终要处理好"教"与"学"的关系,实现教学相长。

三、"互联网+"时代对教师信息化教学能力的新要求

随着计算机网络的飞速发展,互联网已经应用到生活的各个领域,基于"互联网+"背景下的各种新的教学技术手段(微课、慕课、翻转课堂等)

不仅提高了课堂的教学效率，而且提升了学生的创新能力。传统的教学方法已经跟不上时代的发展，教师需要不断更新知识，掌握新的技术，尤其在互联网时代，将信息化应用于教学是必不可少的一种能力。

基于"互联网+"背景下产生的新的教学方法，均是以学生为主、教师为辅，也就是说，教师的作用从主导变为引导，这种角色和地位的转变，使一些教师还不适应新的身份。因此，教师要及时转变思想，积极应用，提升信息化教学能力，给学生新的教育方式和方法。

四、高校教师信息化教学能力的提升策略

近年来，"基于大数据的学习分析""云计算"这些新技术和新理念改变了学生的学习方式和教师的教学方式；视频公开课、开放教育资源，丰富了教学资源形式；翻转课堂、网络社交媒体拓展了知识的获取形式，为教学改革创新带来了新的契机。高校教师及相关管理部门应该从以下几个方面着手提升教师的信息化教学能力：

（一）教师需加强自身的学习意识，更新教学理念

"互联网+"时代的信息化教学，只是利用了新的载体与手段进行教学，无论什么形态的教学，要想取得理想效果，教师的自我更新与提升都是至关重要的。只有教学理念跟随时代进步了，让先进的理念指导教学行动，才能收到理想的教学效果。对"互联网+"没有宏观的把握，对信息化教学没有正确的理念认识，就无法开展有效的信息化课堂教学，这也是高校信息化教学要解决的首要问题。

在部分高校教师中，尤其是前面提到的"数字移民"与"数字难民"类

教师群体，他们在经过十几年甚至几十年的教学后，已经形成了个人固有的教学模式与教学习惯，要让他们在短期内改变固有的教学模式，接受新兴的教学模式是非常困难的。对数字化与信息化不敏感的教师普遍认为，信息化教学就是在教学中使用图片、音频、视频、幻灯片演示教学内容，事实上，这混淆了多媒体教学与信息化教学，是对信息化教学本质上的错误理解。真正的信息化教学是一种教师能够充分利用现代信息技术手段，根据教学内容合理构建学习情境，引导学生通过资源与信息的搜集，依据自己实际认知水平与学习能力来开展自主探究式与协作式学习的教学方法。

（二）教师要善于利用互联网思维与大数据思维

"互联网+"的信息化教学并不是将多媒体教学内容通过电脑应用程序简单地在终端设备上呈现，而是要根据教学内容和学习对象，面向智能终端或移动终端的中小屏幕，用互联网思维融合各种优质资源，根据学生的碎片时间学习特性开展合理的教学设计，为学习者提供传统互联网所不具备的移动互联网创新教学功能。同时，在传统教学中，高校教师的教学往往都是依据经验教学思维，分析总结学生的学习情况，改进教学实施办法。在"互联网+"时代，随着物联网、云计算在教学中的运用，教育领域也积累了海量的数据，教师应该善于运用大数据思维对学生学习过程、学习行为进行解释与分析，从而评估学生学习效果，了解每个学生的真实情况，发现潜在问题并实施有效的教学改进。比如利用信息技术总结的数据，可检测学生的学习行为和学习经历，方便教师针对学生整体和学生个体进行有针对性的教学；利用大数据开展学业质量评价，帮助教师优化教学内容，调整教学安排，为学生提供个性化的学习服务。

（三）学校开展全方位的理论学习与业务学习

教师培训是提高教师专业素质及教学技能的重要且有效的途径。高校教师的信息素质高低直接影响到信息化教学设备的应用水平、利用效率与信息化教学的应用效果。高校本身及教育主管部门应当根据教师的年龄结构、专业结构、知识结构、既往学习情况等提供分层次的进修培训，通过为教师提供信息教育技术方面的培训，为"互联网+"信息化教学提供人才保障。

当然，除了培训对象应该分类以外，培训内容也应该分模块地系统化层层推进。首先是信息化教学基础理论学习。学校可以组织全体教师以教研组、专业为单位，学习与信息化教学有关的内容，从抽象的文字概念上对教师进行信息化教学普及，建立初步的印象。其次是提升认识学习。在了解了信息化教学的相关内容后，邀请开展信息化教学的同行与专家进行专题讲座，专题内容具体涉及信息化教学资源建设、信息化教学设计、信息化教学实施与信息化教学效果评价等方面，分专题细化信息化教学的内容，拓展提升教师对信息化教学认识的广度与深度。再次是具体案例学习。组织经验丰富的教师进行信息化教学案例与作品展示讲解，结合具体课程作品，介绍设计初衷、设计思路、设计过程，将信息化教学理论落实到教学各环节里，更加直观、生动地呈现在教师面前，使教师能够更清晰地明白信息化教学具体如何开展。最后是实操巩固练习。学校采取相应的激励措施和资金技术支持，鼓励一线教师在日常教学中进行信息化教学的尝试，开展信息化教学比赛，组织全体教师进行信息化教学案例征集，真正通过个人的实际操作将信息化教学理论内化为教师信息化教学的能力。

（四）主管部门加大投入力度，学校加强硬件建设

"互联网+"信息化教学打破了传统的教学模式，它通过构建虚拟教学空间，建设以专业教学资源库为核心的教学应用平台，并通过资源共享，为更多的教师提供优质的教学准备、教学演播及教学评估条件。信息化教学能否顺利开展与校园网在日常教学中的应用普及有关，也就是说，校园网的硬件建设在很大程度上影响并决定着师生参与信息化教学的兴趣与热情。对教师而言，校园网意味着能否有效地支持备课及上课，能否提供便捷流程平台供师生教学交流；对学生而言，校园网意味着能否主动参与到专题讨论及网上投票当中，能否利用校园网顺畅地学习教学资源，能否使用即时通信软件联系教师，这些都是影响信息化教学开展的关键因素。随着国家和地方教育主管部门越来越重视教育信息化，而且部分高校信息化教学取得了一定的成效，所有高校要提高认识，紧跟时代步伐，抓住机遇，加快推进学校的信息化软硬件和师资队伍建设。

五、高校教师信息化教学能力提升的实践

（一）翻转课堂教学模式

2007年，美国某校的化学教师在课堂中采用了翻转课堂教学模式，并推动这个模式在美国中小学教育中使用。

随着互联网的发展和普及，翻转课堂的方法逐渐在教学课堂中流行起来。翻转课堂的构建过程如下：首先是信息传递。这个过程是在课前进行的。教师发布学习任务和视频后学生可以分组合作完成任务，学生在课前需要查

阅大量资料，主动学习知识，提高他们的归纳总结能力和自我管理能力，同时，教师提供视频和在线指导。其次是吸收内化。这个阶段是在课堂中完成的。在课堂上，学生对任务进行讲解，教师对其进行点评和指导。教师对学生的疑点和难点，在课前已经有所了解，在课堂讲授时会有的放矢，学生对于不会的知识点也会记忆深刻。课堂上的师生互动，以及学生之间的交流讨论，体现了以学生为主体，使知识内化升级，提高了学习效率。最后是巩固阶段。此阶段可以在课堂上和课后同时进行。在课堂上，教师可以在讲解完后，进行随机小测试；在课后，教师可以在网上留作业，检查学生对知识点的掌握情况。另外，评价系统的跟进，使得学生学习的相关环节能够得到实证性的资料，有利于教师真正了解学生的学习情况。

（二）微课模式

微课主要采用教学视频进行授课，教师需要提前录制教学内容。微课的视频时间不适合录得很长，应该短小精悍，一般 10 分钟左右即可，要有针对性，即针对某一个知识点进行讲解。微课有别于传统的教学课件与教学设计，它对传统教学模式进行了继承和发扬，它不只有简单的教学视频，还会有教学反思、练习测试和学生反馈及教师点评等板块。相对于传统的课堂，微课堂更能吸引学生的注意力，有利于知识的吸收。微课视频的内容相对较少，因此，主题更加突出，主要是学生不易掌握的重点难点，学生学习起来不枯燥，而知识吸收较传统课堂却好很多。微课的使用很重要的是微视频的设计和组成。微视频的主题一定要突出，目标要明确，结构要完整。微视频是一条主线，贯穿整个教学过程，因此，要有视频、互动、答疑、反馈等环节，人人参与，互相学习，互相帮助，共同提高，形成一个主题鲜明、类型多样、结构紧凑的"主题单元资源包",营造一个真实的微教学资源环境。因此,微课这种教学模式不仅提高了学生学习的效果,也提高了教师的专业成长。

(三)慕课模式

慕课(MOOC),即大规模开放在线课程,它是"互联网+教育"的产物。慕课不是个人发的课程,而是由很多参与者参与开发的大型(大规模)的课程,才能称为慕课。慕课是一种大规模开放的在线课程,学习者不受时间和空间的限制,课程也没有人数的限制。与传统的课堂不同,慕课的上课人数甚至可以达到上万人。只要想学习,只需注册一下就可以进来学习。慕课真正体现了资源的共享,打破了地域的限制,随时可以享受一流大学的课程,而且还可以选择自己喜欢的教师和学科进行学习。慕课的整个课程体系是完整的,随时都可以学,学生也可以更合理地安排自己的学习时间,完善自己的知识体系。

(四)信息化教育

技术与传统的教学方法相结合基于"互联网+"背景下,产生了很多新的教学方法和模式,那是不是传统的教学方法就要摒弃了呢?当然不是。因为传统的课堂教学方法也有很多优点,例如,对于一些公式的推导,采用板书的讲解会更详尽,学生理解得更好。如果采用视频或课件,学生会不知道怎么得出来的。所以,信息化的教育技术要与传统的教学方法相结合,才能更好地发挥它的作用。

一方面,新的教育方式之间也需要相互结合,而不是单一的一种形式,可以慕课和翻转课堂相结合、翻转课堂和微课相结合等,这样既增加了课堂的趣味性,又增强了学生学习的主动性;另一方面,传统的课堂与信息化教育技术一定要结合、才能使原来的被动的填鸭式学习变为主动的探究式学习，对于不同的教学内容要采取不同的结合方式，可以让传统课堂与慕课结合、与微课结合、与翻转课堂结合，也可以让传统课堂与微课、翻转课堂同时结合，这样既体现了以学生为主体、实时互动、实时参与的特性，又让传统课堂借助多媒体技术，使一些很难理解的问题学习起来更加轻松。传统教育与互联网教学只有取长补短、各取所长、相互结合，才能把以学生为主体落到实处，才能充分调动学习的积极性和主动性，提高学生的自我管理和自我学习能力，提高分析问题和解决问题的能力。

信息化教学是时代发展的需求，是当前高等教育发展的必经之路。信息化技术与教育相结合，将极大地提高课堂效率和教学效果，真正实现以学生为主体的教学，充分调动学生学习的积极性和主动性，有利于培养并提高学生的自学能力，提高学生分析问题和解决问题的能力，真正做到学以致用。互联网时代科学技术的发展给教育带来了深刻的变革，教育更关注学习者的个体感受，更关注学习者能力提升及综合素质的发展，教师在其中起到的是一种助教、助导的作用而不是像一般的课堂上所处的以教师为中心的地位。青年教师是高等教育改革和发展的主力军，高校青年教师信息化教学能力的提升对于提高课堂教学质量、深化高等教育改革至关重要。

第三节 "互联网+"背景下高校混合式教学模式的研究与实践

一、混合式教学的特点

1996 年，美国《培训杂志》发表了第一篇关于在线学习的文章，教育领域的相关人员开始将视线转移到在线教学与学习的研究中，为后续的混合式教学奠定了丰厚的理论基础。但由于传统教学模式思维根深蒂固，加之人们对在线教学模式的认识不到位，因此混合式教学的发展并不理想，社会上的企业培训及学校的教学模式依然遵从传统教学。

随着时间的推移及人们对传统教学与在线教学各自的优势及不足的深刻反思，人们逐渐认识到"在线教学＋面授教学"能够结合二者的优势，同时弥补多方面的不足。基于此，混合式教学模式才正式进入人们的研究视野。人们专注的视野主要集中在混合式教学的定义探究、理论基础、模式建构以及具体的实施流程方面。

（一）线上线下混合

线上线下混合即网络教学与传统课堂教学相结合，它打破了线上线下存在的界限。这是混合式教学的最表层含义。"互联网＋"将通过一系列的应用技术实现有形教学与无形教学混合式的复式教学。线上教学与线下教学是两种浑然不同的教学形式：线上教学以互联网、新型技术、媒体为传播媒介，线下教学则侧重于传统的教学。二者虽然是不同的教学方式，但是其追求的基本目标是一致的，那就是高效地完成教学活动，促进有效教学的发生。混合式教学以教学平台为起点，教师、家长、学生、教学资源等要素均被联结起来，如果线上学习与线下学习过程处于割裂状态，则混合式教学将会流于形式，达不到我们所期许的理想状态，反而会适得其反，增加教师与学生的负担。

（二）教学理论混合

在教育学界尚不存在一种万能的、通用的，能适用于所有教师、学生教与学的教学理论。因此，我们应采取多种教学理论对教育实践与教育规律进行指导与探索。现阶段，影响较大的教学理论包括行为主义教学理论、认知教学理论、情感教学理论及教育目标分类学等。每种教学理论都有其内在的优势及劣势，诸如行为主义与认知主义注重知识的传播与转换，即关注于"教"本身，较少地关注学生"学"的方面。而建构主义关注教学设计，建构有利于学习发生的教学环境，在教师的教与学生的学两方面均衡发力。教师应依照不同阶段制定的目标来采取与该目标相关的教学理论，这样既有利于教师主导作用的发挥，又有利于发挥学生的认知主体作用。教学理论中间从来都不是彼此对立、分离的关系，它们之间包含着一定的重合部分及相互关联性。混合式教学的教学策略在运用教学策略的过程中，需要结合学习者的实际学习情况、教学目标、教学情境等因素，才能发挥其最大化作用。教学策略是教师从观念领域过渡到操作领域且介于理论和方法之间的中介。

（三）教学资源混合

教学资源混合可以从资源内容、资源呈现方式和资源优化与整合三方面进行分析。

教学资源内容的混合。基于社会对于综合性人才的需求，学校更加重视对多样化、整合性人才的培养，文理互通、学科融合将是未来学科发展的趋势。混合式教学也包含对教学资源内容的混合。学习者接收到的信息不仅仅局限于某一门学科，而是发散且有条理的知识体系，更有利于在学习过程中触类旁通。

教学资源呈现方式的混合。教学资源的呈现方式是多种多样的，资源的呈现方式应符合学习者的认知规律。传统书本式的知识呈现方式有利于学习者对知识的系统性把握。一直以来，课本在课堂教学上都发挥着不可替代的作用，其缺点在于：它阻断知识的流通，知识过于静止，利用率相对较低；知识以文字的形式呈现过于单一，不利于调动学习者的积极性与主动性。我们不可能完全摒弃课本，只有与新型的资源呈现方式结合才能弥补其不足。这种新型的资源呈现方式即虚拟资源呈现。在虚拟资源呈现中知识不以固定化的形态存在于课本上、黑板上，而是无处不在、无所不有，只有"传统+新型"的混合式知识呈现方式才能满足学习者对于各种资源的撷取，实现其个性化发展。

教学资源优化与整合。当线下资源与线上资源汇聚，形成庞大的知识库，在满足知识数量与共享的需求之后，继而遇到教育资源的低质、重复、分散、无体系等问题，又会形成新的资源浪费，因此，教学资源的优化与整合具有一定必然性。

二、混合式教学的本质分析

混合式教学是以关联、动态、合作、探究为核心的新型教学模式，有着区别于面授教学与在线教学的本质区别，下面将对混合式教学的本质进行分析。

（一）混合式教学是动态关联的耦合系统

混合式教学过程的各个存在要素组成了相互关联、互为影响的耦合系统。教师与学生双方都具有自我组织教与学的意识与能力，师生秉持共同目标，同时在一定质态、一定数量的教学信息激发下，使得学习过程中产生的问题、障碍达成顺应、一致的过程，继而促进教学过程有序化。混合式教学中的在线教学部分和面授教学部分两者是优势互补关系，不存在谁替代谁的问题，它们具有共同的教学目标，即高效地完成教学活动。

（二）混合式教学是在线教育的扩展与延伸

混合式教学不同于以往的在线教育、网络教学，我们可以把它理解为在线教育或传统教育的延伸或扩展。首先，混合式教学将传统的教学优势与在线教学优势相结合，弥补了在教学过程中的在线教学与传统教学过程的缺失。单一的在线教学中面临的最大问题就是教师与学习者之间的互动交流缺失。因为在教学过程中师生交往互动是贯穿始终的，通过课堂、课下教师与学习者的互动交往可以及时得到反馈信息，便于学习者的询问、沟通、解疑、探究等系列活动的发生，该环节的缺失是阻碍网络教学进一步发展的最大障碍。另外，学习者的自控能力、信息处理能力、"网络教学就等于课件教学"等观念束缚甚至严重阻碍了在线教学的发展。从传统教学组织形式上来分析，资源相对单一，较难接触其他信息资源，在资源传播途径上稍显滞后。标准化模式也为学生的个性化发展产生了阻碍，统一进度、统一教学内容严重阻碍了学习者的个性化发展。基于两种教学模式的优势与弊端我们看到，将两种方式有机结合起来是最利于学习者学业、身心等多重发展的教学形式。

由上观之，混合式教学大部分是面授教学、在线教学二者的混合，无论是教学空间、教学手段还是教学评价方式均是二者的折中部分。这样既避免了单纯在线教学的弊端，同时也扩展了教学途径。综合看来，与传统教学模式相比，混合式教学模式更加强调以学习者为中心，主张引入问题情景，重视自主探究式的学习方式，鼓励学生主动进行意义建构，最后采取多元的评价模式对学习者进行多方面的评价。

（三）混合式教学以激发学习兴趣为主旨

混合式教学主要以发掘学习者对于课程的兴趣为主旨，进而激发学生求知、探索、整合、创新等行为。教师在制作微课程、课件、整合课程资源以及设计教学活动的过程中，应时刻以学习者的兴趣为基点，考虑学习者的个性特征与兴趣关注点，激发学生的创造力。所以，明确学习者的学习需求，找准兴趣点，才是混合式教学的根本任务。

三、"互联网+"对于混合式教学的意义

"互联网+"促进了信息的双向流动，解构又重构了教学模式与教育体系。它将处于基础形态的传统教学与互联网融合起来，发展成"互联网+教学"的高级形态，从而充分发挥互联网教学的优势，改善教学模式，从原来"以教师为中心"的教学模式转变为"以学习者为中心"的互动教学模式。

互联网教学最为重要的手段贯穿于教育的始终，互联网将全球的顶尖教学资源最大化，它打破了时空的界限，使得核心的师资资源得到了解放，赋予教学新的定义——教学未必就是站在讲台上面对面地教学，教学未必就是

学生坐在教室里听课，通过互联网技术平台亦可以进行在线教学，在家就能学习。同时，混合式教学仅仅是一种教学手段，却不是唯一的教学手段，混合式教学的具体应用还需要教师、专家团队的进一步研究。

（一）打破信息不对称局面

当信息从教师传递给学生时，往往出现信息不对称的情况，继而影响教学的有效性。

信息不对称的情况可能是由于师生双方交流不畅引起的，也可能是由教师的指导方式不当、教学设备陈旧、学习者接受知识的方式差异引起的。当数字化教学资源以其零空间存储性、共享性带来的非消耗性、非竞争性等优势而存在时，数字化资源被贴上了公共性的标签。数字时代的学习越来越不需要依赖特定的时间与空间，师生之间信息不对称的格局逐渐被打破，同时地区、城乡之间乃至不同国家间的信息不对称问题也会有所改善。

对学生—教师层面而言，学生不知而教师独知的信息不对称的教育格局正在被逐步打破，教师不再是唯一的信息提供源。正因为如此，学生获取资源的多样化途径使得教师如果没有专业的知识基础和与时代接轨的新知识储备，是难以完成教育传播的。

（二）激发教学的动态生成

互联网与教育的融合避免了纯在线教育"交往结构的非语言现象"的出现，也在极大程度上转变了传统教育静止、单一、机械，与客观学习相背离的教学情景。互联网与教育的深度融合是传统教育的成长与发展，它将过度一维化与平面化教学赋予了多维性与动态性。教学的动态性体现于信息资源的流通、多元的价值传递、自主选择性、多向立体互动等方面。

教学活动不仅是师生之间的施教与受教行为，更是一种信息资源的传递与流通。互联网是非定向的，教育也是师生、资源之间的往来过程，因此，"互联网＋教育"的模式也具有多态交错的新形态。

我们处于纵横交错的信息网络体系中，学习者、教师、资源及由三者自由组合而成的团体、组织都被视为网络体系中的一个节点，这些节点在独立存在的基础上自由选择重组，相互建立形成联结关系，使得教学过程呈现多向、非线性的发展。换言之，互联网的融入转变了知识的出发点与传递方向，扩展了学习发生的环境与格局，为教育发生创设了崭新的形态。

（三）推动教师教学与技术的专业化发展

互联网与教育相结合在一定程度上转变了教与学的方式，如何借助互联网教与学成为构建教育网络体系中至关重要的一环。首先，互联网的平台建设、在线授课形式的研究、运行模式变化等都对教师的专业化技能提出了更高的挑战，在一定程度上促进了教师教学与技术的双向发展。其次，教师角色与职责亦发生相应程度的转变。教师应扮演课程资源的开发者、引领学习者积极选择的导向者、互联网技术的先行者、为学生创设良好学习体验的开拓者，种种角色交相辉映，需要教师依据具体的学习情景选择最佳的角色。

"互联网＋"大潮涌动，教育信息化大力推进，各地区高校都在尝试混合式教学模式，以期运用技术的方式改变教学。然而，由于各种现实因素的限制，混合式教学还未大范围普及开来。虽然翻转课堂、慕课、微课、电子书包、电子白板等系列项目层出不穷，但是与一线教师教学还未真正融合。"互联网＋"混合式教学旨在通过互联网的技术路径出发，为教师教学带来教学方式多元化、教学资源丰富化等系列教学体验，让互联网真正融合到一线教师的教学过程中。目前我们处于"互联网＋"混合式教学的转型期，综合的教育生态尚处于变动时期，这就要求教师从自身的教学经验着手，选择具体的策略方法，在教学实践中找到线上与线下、课上与课下资源混合的新路径。

（四）打破在线教学与传统授课的单一桎梏

传统课堂教学是教师最为熟悉的一种教学形式。在有限的时间与空间内对学习者施教，其最大的优势在于能够在教师的指导下高效地、快速地进行知识传递，使得教学更加形象化，并通过培养学习者竞争与合作意识，发挥情感因素在学习过程中的重要作用。然而课堂教学存在的不足之处也难以解决：在教学内容上，其呈现内容相对单一，教材是主要的知识呈现途径；在教学方法上，过于整齐划一，"一刀切"的现象仍然存在，忽视了学生个性化；在教学规模上，由于受时间、空间的限制，教师教授的学生数量受限。凡此种种，皆值得做进一步的反思。

网络在线教育借助网络的高信息传输速度、灵活多样的传播手段，可为学习者提供优质的学习资源。它打破了时空的限制，学习者可以根据自身的实际情况与知识储备量自定学习步调，从被动接受者转变为学习的积极探索者。网络在线教育的弊端在于，师生之间缺少面对面的交互，不利于情感交流，同时要求学习者有较高的自我控制能力与学习能力。

基于"互联网＋"背景的混合式教学混合了传统授课与在线教学两种形式，取长补短，综合二者优势的教学过程，从而达到更佳的教学效果。对于"是否所有的课程都适合用混合式教学的方式来教"这个问题，几乎所有教师都达成了一致的观点：在一门课程开设混合式教学的前提下，学生尚有足够的精力进行学习与交流，但假设每个学习者一学期要修7～8门课，大家都进行混合式教学，学生的精力显然不够，效果反而适得其反。我们并不是仅仅为了迎合混合式教学的大趋势而机械地教，不是所有的内容都适合混合式教学这种方法，教师要根据授课内容选择合适的教学方法。在"互联网+"大环境推动之下，教师与学生都需要适应数字化的节奏与模式，二者缺一不可，尤其是学习者，要提升学习效率，学会如何分配时间，进行高效学习，这是网络时代对学习者提出的新要求。

四、"互联网+"背景下改革混合式教学模式的理论依据

（一）"互联网+"背景下混合式教学模式设计的理论基础

混合式教学模式需要在多个理论共同指导下建构，不应局限在一个理论视角。综合来看，混合式教学模式理论应包括关联主义理论、掌握学习教学理论、教学交互理论、香农—施拉姆传播理论，这些理论为混合式教学的设计、建构、组织、实施提供了可借鉴的方法与依据。

1. 关联主义理论

关联主义（又名连通主义、连接主义）是由乔治·西蒙斯提出的符合网络时代发展特征的理论。学习（被定义为动态的知识）可存在于我们自身之外（在一种组织或数据库的范围内）。关联主义的学习发生在模糊不清的环境中，没有固定的要求和界限。关联主义理论是一种适用于数字时代的学习理论。其主要原理为：（1）知识存在于节点之上，不同节点之间存在强弱连接；（2）学习是将节点相互关联，构建内部网络的过程；（3）学习可以通过

电子设备工具进行；（4）持续学习的能力比当前知识的掌握更重要；（5）时刻建立或取消不同节点之间的关联，使其知识体系动态发展起来；（6）提升搜寻有意义节点的能力及建立连接的能力；（7）学习的目的是促进知识的流通；（8）决策也是一种学习。

在知识观方面，关联主义认为学习活动就是为了促进知识流通。知识在一个交替流动的过程中得到不断的更新，它是动态流动的。知识的流动循环主要经由以下几个方面：从某个人、群体或组织的共同创造开始，然后经过"分发知识—传播重要思想—知识的个性化实施—知识的创造"这样一个循环的过程，从而使我们的知识经历个性化的解读、内化、创新。在知识流经我们的世界和我们的工作时，我们不能把它看作保持不变的实体并以被动的方式来消费，我们应以原创者没想到的方法舞动和裁定他人的知识。

关联主义理论对设计混合式教学模式的指导作用主要表现在以下两个方面：

第一，知识是具有关联性的网络整体。混合式教学的线上教学部分由于学习场所的虚拟性、接触资源的碎片化，易使学习者所习得的知识处于分散、支离的状态。而在关联主义理论的指导下，教师和学习者需要有意识地对教与学的状态进行把控。首先，教师提供给学习者的知识要相互连贯，遵循由浅入深、由易到难的层次，小到一节课、一单元大到整本书的知识呈现需要遵循一定的知识逻辑结构，使学习者明晰整体的知识脉络。其次，教师面授的教学内容应与线上组织的教学资源相互关联，线上与线下不能相互脱离，虽然二者有各自的教学呈现方式，但是整体上是互相对应、彼此联系的。

第二，教师与学习者时刻保持关联。教师与学习者是教学过程的两大主体，师生之间的互动是教学过程中必不可少的。由于线上教学过程的时空分离性，师生之间的互动往往受各种因素的限制而不便随时互动沟通。基于此，应用即时通信软件等技术保持沟通，通过在线软件的途径，学习者能够相互探讨，教师亦能够及时掌握学习者的进度，及时解答学习过程中出现的问题。

2. 掌握学习教学理论

"掌握学习"是由美国著名心理学家、教育家布鲁姆提出的，意谓"熟练学习、优势学习"，是指只要具备所需的各种学习条件，大多数学生（95%以上）都可以完全掌握教学过程中要求他们掌握的全部内容。掌握学习理论可以调整教学过程中的主要变量（认知准备状态、情感准备状态、教学质量）。一般来说，我们将掌握学习模式的程序大致分为五个环节：单元教学目标设计；依据单元目标的群体教学，形成性评价 A；矫正学习，形成性评价 B；整个教学环节适用于基本概念与原理的教学；教学效果达到个体教学的效果。

掌握学习教学理论对设计混合式教学模式的指导作用主要表现在以下几个方面。首先，混合式教学模式将部分教学任务转移到课下进行，这意味着有更多自由、充分的时间供学习者自由支配。学习者可以根据自身的实际情况选择合适的学习进度及教学方法自定学习步调，通过完成教学任务、观看教师录制的视频以及资料自主学习，并完成在线测试，判断自己对基本知识的掌握情况，对未掌握的知识进入二次学习，掌握后可进入下一个阶段的学习。其次，教师应该为学生设定明确的教学目标，如在本次课程中学生应该达到什么样的程度、具体应用的学习方式、需要达成的指标等，使学习者有明确的学习方向，同时激发学习动力。最后，在保证基础知识掌握的前提下，教师可以划分不同的难度水平以供学习者选择，如对于材料引申、拓展学习部分等，这样既解决了有些学生"吃不饱"的现象，同时也可以避免一些学生因吃太多、太快而"消化不良"的问题，打破了教学过程中存在的进度一致、步调一致的桎梏，使学生的个体差异性得到尊重。

3. 教学交互理论

在信息交互与社会交往的大背景下，教学交互成为教学活动中必不可少的一个环节。任何形式的教学活动都离不开一定程度的交互，交互是教学活动发生的必要载体，而教学交互区别传统的人际交互，旨在推动教师与学习者的交流与理解，在引入某种技术的基础上，促进教学活动的高效完成。有学者将交互分成两种状态：其一是适应性交互，指学习者行为与教师建构的环境之间的交互，如学生对于教学平台的操作过程；其二是对话性交互，指学生与教师之间的交互，这一层面主要是学习者与教学要素、资源信息之间的交互。

交互是混合式教学活动中至关重要的步骤，在混合式教学的设计过程中应时刻以交互为核心。教学交互理论对建构混合式教学模式的指导作用主要表现在以下几个方面：其一，教师与学习者交互应遵循便利性、高效性原则，能够在线上、线下的教学中都达到即时的交互；其二，师生与平台易于交互，具体针对教师课程资源上传、页面美观性、学生观看的舒适度，即平台人性化功能的设置。

（二）"互联网 +"背景下混合式教学模式设计的原则

建构主义教学理论认为，"情景""合作""互动""自主建构"是教学发生环境的四大要素。混合式教学模式应以以上四要素为前提，遵循以下教学原则：

1. 融合性原则

实践证明，网络教学的优势在一定程度上可弥补传统教学的不足，却无法完全取而代之。网络教学和面授教学具有共同的教学目标，二者互为对方的拓展和补充，二者的实施都不能在脱离对方的基础上进行。所以，网络教学部分的教学设计要依照传统课堂教学过程而进行，不能机械地脱离。网络教学与传统教学的融合非朝夕能至，尚需要进行更深入的探索。

2. 开放性原则

依据系统论的思想，世界上一切事物都可以看作一个系统。它是由相互影响的若干要素组合而成的结合体，任何系统都不是孤立存在的，如果一个系统要保持长期的稳定就必须保持其开放性。在这里，我们可以将混合式教学看作一个系统，同时它也是一个开放的耗散结构，它能及时吸纳外界环境中的新信息、新思想、新理念。因此，开放性原则要求在将混合式教学看作一个整体的基础上，使之时刻远离平衡态，由封闭状态走向开放状态。首先，教学方式的开放。具体包括教学硬件设施的开放和教学手段的开放。其次，教学内容的开放。教学资源将不再局限于固定的书本、图书馆等有限的学习空间内，而是成为学生无限延展信息的接收源，课堂逐渐向社会、电子网络领域延伸，促进学生学习的发生。最后，教学过程的开放。教育理念从机械、灌输等价值取向转变为对民主、开放、探究、交互等理念的诉求。

3. 交往性原则

交往是人活动的本性，人对于交往有着必需性的要求。正因为有了交往活动的不断扩大，活动及学习能力才能不断提升。在人与人之间的交往中，师生之间的交往活动具有一定的特殊性，它特指发生在师生之间、教学要素之间的资源信息及情感的流动。在这个交往的过程中，师生双方既是信息的发出者又是信息的接收者。交互性原则具体表现在教学过程的组织与管理中，是教学活动的主体构成。教学活动的发生建立在师生、生生的交往交互活动的基础之上，因此，为师生创设便利、舒适的交互空间是至关重要的。混合式教学模式能随时实现教师与学生、人与资源的双向互动，促进教学活动的发生。

4. 协作性原则

混合式教学模式体现着协作性原则，具体分为两个方面。一方面从学生的"学"来讲，合作学习是一种有效的学习方式。处于合作状态的学习者往往思路清晰、思维活跃，同时在观点、思路的碰撞下可以产生新的火花及思维闪光点，对于问题能够做更深入的探究，因此，在学习过程中能够加深对于知识的理解，同时提升相互协作的能力。另一方面从教师的教来讲，教师的讲授并非只是告诉学习者既有的知识，告诉其最后的结论，这样学习者反而达不到对于知识的深层次思考。教师的讲授指的是促进学生的结构化学习，提供发现式的学习材料，为学习者的合作提供保障，成为学习者的引领者，这也对教师的教学性技巧提出了新的要求。因此，教师在教学过程中应积极与同行或专家进行交流，促进教学水平的提升。

五、混合式教学模式的构成要素

混合式教学模式作为一个复杂的系统是由一系列要素组合而成的，包括教学目标、操作程序、实现条件、教学评价等。其运作机制就是各个要素的相互作用和组合。

（一）教学目标

教学目标是教育目的和培养目标在教学活动中的进一步具体化。教学目标的确定，必须反映教育目的的基本要求，即首先要接受教育目的的规约，继而将教育目的从观念设想转化为行动追求。混合式教学目标的制定需要遵从一定的教学目的和培养目标，依据学习者兴趣与教学情境而设定，并在一定程度上能够体现学科的整体方向及活动开展的整体方向。在正确、适合的教学目标的指引下，教学的有效性将会提升；而在空洞、不切实际的教学目标的指导下，教学将会处于低效甚至无效的境地。同时，混合式教学的目标并不是一成不变的，不同的教学模式能够体现不同的教学目标，对教学目标的具体要求也有所不同，诸如问题导向的教学模式、基于情景的教学模式、探究教学模式、合作教学模式，它们设定目标的侧重点均不同。"互联网+"背景下混合式教学的目标基于时代背景的特点，旨在培养学习者信息素养、信息加工能力、合作能力等综合素养，满足 21 世纪社会对综合性人才的需求。混合式教学要根据授业学科的课程特点、结构，在分析课程和学习者特点的基础上，确定单元或课时的教学目标；同时通过恰当的方式使学习者明晰教学目标，明晰教学活动发生之后的应然状态。也就是说，教学目标的确定应具体化、清晰化、可执行化，切勿过于模糊抽象。

（二）操作程序

操作程序指教学活动的各个流程以及不同阶段的具体做法。任何教学模式都会有相对固定的操作程序，但不是绝对的固化，具体体现教学过程中教学内容的组织与引导、教学手段及方法的混合应用、教学情感价值的传递引导等。

"互联网+"背景下的混合式教学的操作程序集中在三部分：线上学习、课堂学习、线下总结。线上学习（基于网络教学平台）:教师组织教学材料—分发任务—学习者完成任务—提出问题；课堂学习：学生反馈问题—小组互动—教师对重、难点问题进行讲解—问题解决—布置作业；线下总结：强化盲点—梳理知识—完成作业—作业（作品）展示。

（三）实现条件

条件因素是达成教学目标的保障。它的作用是为教学模式的有效应用创造各方面的有利条件，使得任何教学模式都是在特定的条件下才能有效。教学模式的条件因素多种多样，诸如教师、学生、技术、环境、时间、空间等。首先，在"互联网+"教学的新型教学模式下，教师的教学方式、权威角色、师生交往方式均受到了挑战。教师从传统意义上的"建构者""决策者"转变为新型的"合作者""指引者""帮助者"；教学活动场所由课堂转为"线上+线下"；教学方式由灌输转变为互动研究，更加体现了学生的主体地位，因此，教师要尽快适应教学方式的转变，同时进一步提升专业化技能。其次，混合式教学模式的实施对在线平台提出了较高的要求。平台教育与传统意义上的课堂教学完全不同，教学平台的人性化程度、可操作性、可互动性极大地影响着教学的有效性。

（四）教学评价

教学评价是教学活动过程中必不可少的基本要求之一，亦是教学过程中不可缺少的环节。由于混合式教学面临新的"互联网+"时代背景，在一定程度上重构了教学组织形式，与传统课堂的教学结构、教学方式、手段、内容都不相同，传统的评价手段放到混合式教学上难以立足，因此，对于新型的教学模式的评价体系需要予以商定。混合式教学评价应包括线上教学评价部分和课堂教学评价两部分。在混合式教学过程中，因混合了多种教学资源、教学手段、教学呈现方式等，其多样化及交叉复杂性对教学评价提出了更高的挑战。教学评价关注一部分指向最终结果——成绩，另一部分指向学习者在通过使用互联网平台所进行学习活动中的表现形式以及所涉及的因素指标，诸如学习者自控能力、信息资源收集、处理能力、合作能力、创新能力等。这使混合式教学的评价真正从注重"知识本位"转向"学识＋能力本位"进行综合考量。

教学评价亦要遵循一定的发展性原则。评价的最终目的是促进学习者的发展。教师在进行评价时，可由评价学生的知识体系、技能的掌握转向学习工作态度、科研创新意识、实践能力、核心素养等方面的综合发展。评价的过程就是提高发展的过程，而不能仅仅将视野局限在考试成绩、作业成绩、最后结果这种终结性评价上面。其教学评价体系应部分转向对于软指标的评定，诸如学习者的信息检索能力、个性化与自主化学习、核心素养形成等方面，因为这些因素并不能以分数的形式呈现到评价者面前，因此，需要在评价过程中时刻对学习者进行过程性评价，尤其要结合学习者的学习表现等，全面系统地评价学习者。

六、"互联网＋"背景下混合式教学模式的应用策略

在"互联网＋"的时代大背景下，为了更好地推行混合式教学，取得更加高效的教学体验，需要学校、教师、学生三方的密切合作。

（一）充分发挥网络教学优势

在充分发挥网络教学开放性、交互性、共享性、协作性、自主性优势的同时，整合现有的教学资源从实际出发，认识到并非所有的教材均适用于混

合式教学，需要根据学科特点及学习者的实际认知情况进行合理运用。教师层面，要充分激发教师的潜力，提高师资的影响力度与效度，缓解师资不均的状态。学生层面，发挥学习者的主体意识与能动意识，实现自我管理的个性化发展。网络教学层面，模糊教学边界、提高教学效率、促进资源流通等优势的发挥有利于从本质上有效地推进混合式教学。

（二）提高学习者的自主学习能力

混合式教学的在线教学部分因其跨时空性、灵活性等特点对学习者的自主学习能力提出了极大的挑战。尤其是面对枯燥的学习任务、无监督的学习环境及包罗万象的网络资源，这些都会导致低效的学习效率。相比传统面授教学，在线教学部分需要更大的自制力与判断力，学习者需要合理安排学习时间，妥善制订学习计划，加强对学习时间的管理，可以制定任务完成进程表，同伴之间可以相互督促完成学习任务。另外，要注重学习者认知策略、元认知策略、情感策略的培养，特别是元认知策略，它有助于学习者调配学习进程用于自我行为指导、自我评价与自我检测，并将自身的学习行为作为有意识的监控对象，提升自主学习效率。

（三）提升师生的信息素养

信息素养是信息化社会学习者能力素质的一个基本构成要素，师生信息素养的高低决定了教学效率的高低。在推行混合式教学改革的前提下，教师是关键，提升教师的信息素养水平是影响混合式教学成效的关键因素。

1.组建混合式教学专家团队

混合式教学开展初期难度较大，教学设计、教学实施、平台应用等方面会存在诸多问题，这无疑加重了教师的工作任务量。因此，组建混合式教学专家团队有利于教师间相互交流教学的反思与体悟，解决疑难问题，共同提升进步，团结协作，优势互补。混合式教学专家团队由混合式教学专家、网络技术人员、参与混合式教学项目的教师及管理人员组成。随时待命的网络技术人员保障了混合式教学的技术支持，同时为教师解决疑难问题，提供"顾问式"服务，并将具备多元学科背景的教师集合起来，可以在团队内部开展多元合作。

2. 强化教师专业化培训

校内外培训有助于教师更快、更好地转变教学模式，适应新的角色，拓宽教师成长的专业空间。一方面，先培养一部分教师发展起来，继而带动大部分教师的发展；先探索一部分学科的混合式教学模式，再带动整体的学科探索。另一方面，观摩课程有助于新手教师获得直接的实践经验，提高其教学管理能力。此外，可以开展系列学术沙龙活动进行相关主题研讨，鼓励教师参加校外活动，允许教师走出去，去其他学校参观学习、参加学术会议，学习教学经验并加以运用。

（四）初步建构起混合式教学共同体

通过混合式教学模式的开展，逐步形成"互动共享、通力协作、自主探究"的学习共同体。网络技术的介入赋予了共同体发展性、流动性、多样性等特点，教师如果能在教学模式转变的关键时期相互交流合作，要比故步自封地闷头前行具有更佳的效果。教师共同体的构建主要通过交互、共享、合作形成，并以提高学习者学习体验为宗旨。混合式教学探索的团体，以共同的价值取向与希冀为纽带而自愿形成。在教师学习教学共同体中存在不同专业背景、不同教龄的教师及助教者，在共同的参与学习中，他们可以互为补充，相互交流经验，讨论问题，做出决策，尝试从不同的方面与视角重构自身的理解与观点。构建教师教学共同体，首先，要转变共同体教学意识，只有具备了共同体意识，才能感受到其价值和意义。其次，要确定一致的共同体教学目标，即顺利实现混合式教学模式的转变，发挥教师的集体智慧。再次，可在共同体内实施特定的组织与管理方式，诸如成立项目研究小组、科研创新小组等，同时可以请专家、学者提供理论与实践方面的指导。最后，应密切关注教师对于混合式教学的态度，注意在实施混合式教学之后的态度转变。

第四节　"互联网+"时代高校"三方两线"同步课堂教学策略

一、概念的界定

（一）"互联网+同步课堂"

"互联网+"作为互联网思维衍生发展的新成果，其推动了社会经济生态的转变，同时也为其他产业、行业的改革、发展、创新提供了网络平台。

"互联网+同步课堂"是指基于互联网信息技术，教师通过网络的方式进行学科专业知识教学，学生则通过网络参与、网络互动等方式学习相关知识，实现教学资源与信息的网络流动，知识在网络上成形，线上、线下活动相互补充与拓展。该同步课堂中教师、教学内容、学生及媒体平台一起共同构成了新的教学系统。"互联网+同步课堂"的本质就是整合网络教学资源，将课堂教学内容进行碎片化重构。

（二）"三方两线"

"三方"主要指教师、学生、高校三个方面；"两线"即线上网络教学与线下传统教学。"三方两线"同步课堂教学主要是指调动大学生、教师和高校三方的积极性，应用"互联网+"时代的信息技术，整合优秀的课程教学资源，通过协调、配合等方式来共同建设高校线上、线下同步课堂教学策略。

二、"互联网+"时代高校同步课堂教学现状分析

高校之间传统的课堂教学模式大体差异不大，但是现代网络同步课堂教学则区别明显，高校网络同步课堂教学模式总体应用现状有待改善。

第一，网络课堂本质有利有弊。网络的发展在很大程度上为高校同步课堂教学提供了越来越好的教学载体，同时也为全球知识分配、共享、共建提供了新的机会。全世界大量开放性慕课课程极速普及，作为异步网络课堂的慕课创新了一些课程的评价方式、内容呈现形式、教学交互手段等，大大提高了课堂的教学效率，也提升了课堂教学水平。但网络异步教育还是存在着一些弊端。例如，学生作业完成率低下、课程存在感低等问题都严重影响了课堂教学质量；虽然参加慕课学习的高校学生不少，但课程完成比例却很低；当前同步网络课堂内容的理论研究与实践应用远远少于异步网络课程。

第二，网络课堂的教学应用有好有坏。随着网络技术在教育领域的深度应用，教育资源在不断社会化的同时也推动了高校教育教学改革的创新。相比传统课堂来看，网络课堂有着更广泛的受众群体，而且能够给学生带来更多的学习资源与信息，教学内容呈现方式更能提升学生的感官体验，但学生学习效果不佳、师生互动性弱等问题也日益突显。网络学习虽然让学生成为课

堂教学的主角，学生拥有一定的空间自主安排需要学习的课程内容与流程，但是，网络学习也让对教学目的有精确把握的教师失去了教育多次的控制权与监督权，容易忽视学生学习能力、自律能力、学习基础差异的形成。同时，网络学习提升了课程学习效果的模糊性，教学中具有人文关怀的引导作用被替代。

当前网络教学中教师与学生获得的信息内容都是数字化、文本化的视频、文档、音频资料，学生难以根据真实学习场景提升学习体验，教师也难以通过教学过程反馈来及时地调整教学内容与进度。因此，"互联网＋"背景下"三方两线"同步课堂教学不仅能够解决以往网络教学中存在的固有问题，而且还能结合线上、线下两种教学的优势，将真实学习情境与虚拟环境相结合，通过教学网络平台的应用，实现以现场教学为主体的同步学习，最终从根本上提升高校的课堂教学效果。

三、创新完善高校"三方两线"同步课堂教学策略

由上文的分析可知，当前我国高校同步课堂教学的总体情况不容乐观，还存在着网络技术的教学应用不够广泛、同步课堂教学的重视程度不够等问题，有必要从高校、教师、学生等多方面来创新完善高校"三方两线"同步课堂教学策略。

（一）中心高校共享远程同步课堂

远程同步互动课堂教学作为分享优势课程师资力量的一种方式，在不影响优势课程执教教师的本校正常教学条件下，向合作院校输送了优质的课程教育资源。同步课堂包含优势课程提供方的主讲教师与教学点的助理教师，此外还可以邀请地方的专家参与远程课程讲座。中心高校共享的远程同步课

程同样包括面授课程与同步课堂，课堂上包括中心高校本专业的常规学习学生，此外还要考虑远程同步课堂教学点的学生。共享远程同步课堂主要通过以往教学环境、要素的组合与分解，将以往的集中教学分散于不同的网络空间，实现教学上的连续性，师生互动主要通过远程直播课程来实现。远程同步课堂的主讲教师需要控制好教学进度，助教教师负责及时反馈学生的学习情况。中心高校共享的远程同步课堂首先应选择教学过程容易控制、教学效果容易量化评估的计算机课程，实现教师、高校、学生三方远程同步互动课堂教学模式的稳定化发展，然后再将中心高校的共享同步课堂拓展到其他专业课程，从而实现同步课堂教学开展的常态化。

（二）建设专业课程网络教学平台

高校需要根据专业特色搭建专业课程的网络教学平台。首先，构建高水平的本校核心课程。高校可以集中开发核心课程和精品课程，保障共享课题教学的高标准。联盟高校之间可以统一聘请专家来指导精品课程的建设，同时解决课程开设方面的资源局限。其次，学生通过互动学习掌握更加多元化的课程内容。高校联盟间可以构建远程同步互动系统，任何院校的教师都能够对学生的学习情况进行指导，教学过程可以在平台上实时开展。利用直播平台，教师可以在本地对其他教学点的教学内容开展教学，同时汇总、借鉴国内外教学的精品课程，充分调动各方面的教学资源和教学素材，形成高校网络教学课程，学生可以在该平台上学习课程知识、下载课程资料，真正实现碎片化教学。

在高校专业课程网络教学平台建设的同时，也需要认识到当前网络虚拟教学环境不再局限于高校内部的网络课堂系统，这包括各种网络应用平台，也包括一些专业商务网站与门户网站。比较传统单一的远程网络教学来看，虚实结合的同步课堂教学有效整合了社会网络信息资源，提升了教师对教学过程的监督与指导，降低了高校在网络教学平台上的资金投入。

（三）转变教师教学观念，提升教学能力

高校专业教师应及时更新教学理念，积极参与同步教学平台上的微课程设计与互动教学模块，及时更新自身的信息技术知识，利用网络教学与传统教学的优势来开展教学活动，从而提升自身的教学能力。"三方两线"的同步教学过程教师为"两线"的连接点，同时作为"三方"中的一方，教师不仅可以选择"课堂为主、网络为辅""线上线下互补"，还可以将整个课程全部的教学内容提前放置于网络平台上。因此，教师应积极地做好教学内容的线上、线下模块划分，确认线上、线下同步课程学习的侧重点。

（四）打造"双线"同步协作学习模式

"双线"的同步协作学习模式是因网络协作学习的逐渐普及而提出的学习模式，通过多元化、多维度的互动内容提升学生的学习体验。在线上虚拟与线下真实教学环境结合的情况下，人机互动与师生人际互动形成了良性互补。教师不仅能够发挥现场课堂教材的互动优势，提升对课程学习过程的控制与监督，还能够运用人机互动实现教师与学习小组间的"点面"互动，师生间、学生间的"点点"互动。学生可以利用网络搜索工具和网络信息资源提升小组协助学习的效率，此外还能够利用网络交流工具与平台开展学习互动。

小组"双线"同步协作学习模式中教师需要根据教学任务特征与难度来分配具体的任务组与角色，从而明确任务流程的各个阶段内容。合作任务小

组一般包括 3 ~ 5 人。同步协作学习中教师通过线下的成果评估、人际互动获得教学反馈，从而对线上学习内容进行调整。小组成员的数量需要根据任务类型进行具体的调整，具体环境包括任务布置、选择方案、角色分工、执行任务、完成任务。

综上所述，"互联网+"时代的到来给各个领域的发展都带来了机遇和挑战，高校教育教学也不例外。随着教育教学改革的不断深入，高校有必要充分利用"互联网+"时代信息技术的发展优势，整合网络课程教学资源，创新完善基于"三方两线"的同步课堂教学策略，一方面可以减轻高校教师的教学负担，提高工作效率，另一方面可以引导学生适应社会发展需要，进行碎片化学习和自主性学习。

第六章 "互联网+"背景下信息技术与数学课程的整合策略

第一节 信息技术与数学课程整合的基本原则

一、信息技术与课程整合的含义

在系统科学思维的方法论中，"整合"表示由两个或两个以上较小部分的事物、现象、过程、物质属性、关系、信息、能量等在符合具体客观规律或一定条件的前提下，凝聚成较大整体的过程及结果。教育界引用"整合"一词通常表示综合、渗透、重组、互补、凝聚等含义，而不是简单的叠加。目前，国内关于信息技术与课程整合的说法与定义有很多。纵观这些观点可以发现，产生分歧的主要原因是对"课程"概念的理解不同。目前，信息技术与课程整合的定义可以分为"大整合论"和"小整合论"两种。

"大整合论"所理解的"课程"是一个较大的概念。这种观点主要是将信息技术融入课程整体，改变课程内容和结构，变革整个课程体系。另一种观点认为，信息技术与课程整合是指通过基于信息技术的课程研制，创立信息化课程文化的过程。这一观点针对教育领域中信息技术与学科课程存在的割裂和对立问题，通过信息技术与课程的互动性双向整合，来促进师生民主合作的课程与教学组织方式的实现，并促进以人的学习为本的新型课程与教学活动样式的发展，旨在建构起整合型的信息化课程新形态。另一种观点认为，信息技术与课程整合实质上是指信息技术有机地与课程结构、课程内容、课程资源及课程实施等融合为一体，从而对课程的各个层面和维度都产生变革作用，最终促进课程整体的变革。"大整合论"的观点有助于从课程整体的角度去思考信息技术的地位和作用。

"小整合论"则将课程等同于教学。这种观点将信息技术与课程整合等同于信息技术与学科教学整合；将信息技术作为一种工具、媒介和方法融入教学的各个层面，包括教学准备、课堂教学过程和教学评价等。这种观点是目前信息技术与课程整合实践中的主流观点。"信息技术"与"课程整合"二者概念的分化，反映了人们看待信息技术作用的不同视角。在研究与实践中，持"大整合论"观点的人一般都是专家学者，而一线教师和教研人员则比较认可"小整合论"。

在信息技术与课程整合时，需要特别关注教学实践层面的问题，不能简单地将信息技术作为一种新的教学手段与传统的教学手段叠加。广义上讲，课程整合是使分化了的学校教学系统中的各个要素形成一个有机联系的整体，以及这个整体形成的过程。狭义上讲，它指的是各学科之间（包括各学科内部）的整合，即将各学科关联起来加以学习。在这一整合过程中，课程的各要素之间逐渐产生了有机的联系。

也就是说，课程整合不是将不同学科相加在一起，而是将课程看成了一个整体，将不同学科的知识整合在一起，让学生在学习过程中不知不觉地、有机地掌握不同的知识，从而提高综合素质。课程整合强调各个学科领域之间的联系和一致性，避免过早或过分地强调各个学科领域间的区别，从而防止出现彼此孤立、相互重复或脱节的现象。

二、信息技术与课程整合的基本原则

信息技术与课程整合是将信息技术有机地融合在各学科教学过程中，它将信息技术与学科课程的结构、内容、资源及课程的实施等融为一体，使之成为与课程内容高度和谐的有机部分，从而能够更好地完成课程目标。但整合不等于混合，在利用信息技术之前，教师要清楚信息技术的优势和不足，并了解学科教学的需求。在整合过程中，教师要设法找出信息技术能提高学习效果的地方，从而使学生更明确地使用信息技术来完成那些用其他方法做不到或做得到但效果不好的事情。因此，对学生来说，信息技术是一种终生受用的学习知识和提高技能的认知工具。课程整合的最基本特征，就是它的学科交叉性和立足于能力的培养，即强调事物联系的整体性和能力培养的重要性。

（一）正确运用教育理论指导信息技术与课程整合的实践

现代学习理论为信息技术与课程整合奠定了坚实的理论基础。在教学和学习层面上，每一种理论都有其正确性的一面。但是，在教学实践中，没有一种理论具有普适性。换言之，无论哪一个理论都不能替代其他理论而成为唯一的指导理论。否则，就会误入二元分立的思维方式，出现为了克服一种片面性，而又陷入另一种片面性之中的错误。例如，行为主义学习理论适用于需要机械记忆的知识或具有操练和训练教学目标的学习，主要用于指导和激发学生的学习兴趣，控制和维持学生的学习动机。而建构主义学习理论提倡给学生提供建构理解所需要的环境和广阔的空间，让学生自主地、发现式地学习。

（二）根据教学对象选择整合策略

人类的思维类型可分为抽象思维与具体思维、有序思维与随机思维。对不同学习类型和思维类型的人来说，他们所处的学习环境和所选择的学习方法将直接影响他们的学习效果。笔者在长期的教学实践中发现，有的学生不能主动地对外来信息进行加工，他们喜欢有人际交流的学习环境，需要明确的指导和讲授；有的学生在认知活动中，则更愿意独立学习，进行个人钻研，更能适应结构松散的教学方法或个别化的学习环境。因此，信息技术与课程的整合应该根据不同的教学对象，实施多样性、多元化和多层次的整合策略。

（三）根据学科特点构建整合的教学模式

每个学科都有其固有的知识结构和学科特点，对学生的要求也是不同的。如语言教学是培养学生应用语言的能力，主要训练学生如何在不同的场合正确、流利地表达自己的思想和怎样较好地与别人交流的能力。为此，应该利用信息技术模拟出接近生活的真实语境，为学生提供反复练习的机会。数学属于逻辑经验学科，主要由概念、公式、定理、法则及应用问题组成，它的教学重点应该放在开发学生的认知潜能上。教师可以通过给学生创设认知环境，让他们经历由具体思维到抽象思维，再由抽象思维到具体思维的过程，并完成对数学知识的建构。

（四）运用"学教并重"的教学设计理论来进行课程整合

目前流行的教学设计理论主要有"以教为主"的教学设计和"以学为主"的教学设计两大类。这两种教学设计理论各有特点，因此，最理想的方法是将二者结合起来，取长补短，形成"学教并重"的教学设计理论。这种理论也正好符合"既要发挥教师的主导作用，又要充分体现学生学习的主体作用的新型教学结构"的要求。在运用这种理论进行教学设计时要注意，不能将以计算机为基础的信息技术，仅仅看作辅助教师"教"的演示教具，不论是多媒体还是计算机网络，更应当把它们作为促进学生自主学习的认知工具与情感激励工具。在课程整合时，要把这一观念牢牢地、自始至终地贯彻到整个教学设计的各个环节之中。

（五）个别化学习和协作学习的和谐统一

信息技术给我们提供了一个开放性的实践平台，在实现同一目标时，我们可以采用多种不同的方法。同时，课程整合强调"具体问题具体分析"，当教学目标确定后，可以通过整合不同的任务来实现教学目标。对于同一任务，不同的学生也可以采用不同的方法和工具来完成。这种个别化的教学策略，对于发挥学生的主动性，进行因人而异的学习都是很有帮助的。社会化大生产要求人们具有协同工作的精神，在现代学习中，尤其是在一些高级认知场合（如复杂问题的解决、作品评价等），要求多名学生能对同一问题发表不同的观点，并在综合评价的基础上，协作完成任务。互联网的出现，也正为这种协作学习创造了很好的平台。因此，在教学中既要为学生提供个别化的学习机会，又要组织学生进行协作学习。

第二节　信息技术与课程整合的阶段和层次

根据信息技术与课程整合的不同程度和深度，可以将整合的进程大略分为三个阶段：第一，封闭式的、以知识为中心的课程整合阶段；第二，开放式的、以资源为中心的课程整合阶段；第三，全方位的课程整合阶段。在不同的阶段，技术投入与学生的学习投入是不同的。在教学过程中，教的活动和学的活动对技术有一定的依赖性，根据学生的参与程度及对信息技术的特征和功能的不同要求，可以将信息技术与课程整合的三个阶段再进一步细化为十个层次，同时对每个层次的教学策略、学生的学习方式、教师的角色、学生的角色、教学评价方式和依据，以及信息技术在不同层次中的作用进行比较、阐述。以下是对三阶段、十层次的相关内容的详细论述。

一、阶段一：封闭式的、以知识为中心的课程整合

传统教学和目前的大多数教学都属于此阶段，即严格按照教学大纲，按照教材的安排和课时的要求来设计所有教学活动。如果课程内容较少，就多安排一些讨论，多设计一些活动；如果课程内容较多，就少设计活动。虽然教学中也采用一定的辅导软件，但是目前的辅导软件也是在上述指导思想下编制出来的，整个教学都在以知识为中心的指导下进行，教学目标、教学内容、教学形式及教学组织都和传统课堂教学没有什么区别，整个教学过程仍以教师的讲授为主，学生仍然是被动的反应者，是被灌输知识的对象。信息技术的引入，只是在帮助教师减轻教学工作量方面取得了一些进步，而对学生思维与能力的发展并没有实质性的作用。按照教学对技术的依赖程度和学生的投入程度，此阶段可细化为三个层次。

（一）第一层：信息技术作为演示工具

教师可以使用现成的计算机辅助教学软件或多媒体素材库，选择其中合适的部分用在自己的教学中。教师也可以利用幻灯片或者一些多媒体制作工

具，集成各种教学素材，编写自己的演示文稿或多媒体课件，讲解教学中的知识点，形象地演示其中某些难以理解的内容，或用图表、动画等形式展示动态的变化过程和理论模型。另外，教师也可以利用模拟软件或者计算机外接传感器来演示某些实验，帮助学生理解所学的知识。这样计算机代替了幻灯、投影、粉笔、黑板等传统媒体，实现了它们无法实现的教育功能。由于该层次的教学对信息技术的依赖程度较小，只是必要时才用一用，学生也只能听、看，没有实际操作的机会，因此，这种方式是被动型的学习。

（二）第二层：信息技术作为交流工具

信息技术作为交流工具，是指将信息技术以辅助教学的方式引入教学，主要完成师生之间情感交流的作用。要实现上述目的，并不需要复杂的信息技术，只要在有互联网或局域网的硬件环境下，采用简单的论坛、群聊等工具即可。教师可根据教学的需要或学生的兴趣开设一些专题或群聊，并赋予学生自由开辟专题和群聊的权利，使他们在课后有机会对课程的形式、教师的优缺点、无法解决的问题等进行充分的交流。

讲授式教学仍然是这一层次的主要教学策略，学生仍以个体作业形式完成学习任务，评价方式也与前一层次相同，教师的角色和学生的角色也基本没有变化，只是教师多了一项工作——对交流的组织和管理。所以这一层次的学习效果优于前一层次。

（三）第三层：信息技术作为个别辅导工具

计算机软件技术的飞速发展，刺激了练习型软件和计算机辅助测验软件的大量出现，这样的信息环境便于学生在练习和测验中巩固和熟练所学的知识，为下一步的学习奠定基础。在这一层次，计算机软件代替了教师的部分职能，如出题、评定等，因此，教学对技术有较强的依赖性。此外，在此层次中教学还能在一定程度上注意学生的个别差异，提高学生学习的投入程度。

根据不同的学习内容和学习目标，个别辅导软件提供的交互方式也有所不同，体现了不同的教学或学习方式，从而形成了不同模式的辅导软件，如操练、练习、对话、游戏、模拟、测试、问题解答等。

在这一层次，主要采取的教学策略有个别辅导式教学和个别化学习等。虽然教学仍是封闭式的、以知识为中心的，但是，学生有机会与大量的优秀软件接触，对学生的学习积极性有较大的促进作用。在教学中，教师要时刻关注学生的学习进展，学生遇到问题时，可以向教师或同学请教，以得到及时的辅导和帮助。最后的评价方式仍以测验为主。

二、阶段二：开放式的、以资源为中心的课程整合

信息技术与课程整合的第一阶段基本上是封闭的，以个别化学习和讲授为主。在第二阶段，教学观念、教学设计的指导思想，教师的角色和学生的角色等都会发生较大的变化。教育者重视学生对所学知识的意义建构，教学设计从以知识为中心转变为以资源为中心、以学习为中心，整个教学对资源是开放的。学生在学习某一学科的知识时可以获得许多其他学科的知识。学生在占有丰富资源的基础上完成了对各种能力的培养。学生成为学习的主体，教师成为学生学习的指导者、帮助者、组织者。按照对学生能力由低到高的培养顺序，可以将此阶段细化为四个层次，每一层次着重培养的学生能力分别是信息获取和分析能力、信息分析和加工能力、协作能力、探索和创新能力。

（一）第一层：用信息技术来提供资源环境

信息社会需要有信息能力的新型人才。信息能力是指获取、分析和加工信息的能力。随着网络技术的飞速发展，网络资源浩如烟海，如何在广袤的信息海洋中迅速、准确地找到自己所需的资源，如何判断资源的价值并对其进行取舍，如何合理地将资源重新组合为己所用，这是每个人都要面对的问题。用信息技术来提供资源环境就是要突破"书本是知识主要来源"的限制，用各种相关资源来丰富封闭的、孤立的课堂教学，极大地扩充教学知识量，使学生不再只学习课本上固有的内容。

此层次主要培养学生获取信息、分析信息的能力，让学生在对大量信息进行筛选的过程中实现对事物的多层面了解。教师可以在课前将所需的信息整理好，保存在某一文件夹内或内部网站上，让学生访问并选择有用的信息；也可以为学生提供适当的参考信息，如网址、搜索引擎、相关人物等，让学生自己去网络或资源库中搜集素材。比较而言，后者比前者更能培养学生获取信息、分析信息的能力，但它受到网速或学生信息处理能力等条件的限制。采用第一种方式也很好，不过要求教师提供尽可能多的资源，让学生有对信息进行筛选的可能。该层次是所有后续层次教学的基础。在信息社会里，学生只有找到资源才有创作、发明可言。

（二）第二层：信息技术作为信息加工工具

上一层次主要培养学生获取信息和分析信息的能力，强调学生在对大量信息进行筛选的过程中要对事物进行综合的了解和学习。本层次主要培养学生分析信息、加工信息的能力，强调学生在对大量信息进行快速提取的过程中，对信息进行整理、加工和再利用。本层次不能独立存在，必须依赖于信息技术提供的资源环境，如果没有可供探索的资源，就无法实现对信息的获取，更谈不上对信息进行分析和加工。

在本层次的教学中，重点培养的是学生的信息加工能力和思维的流畅表达能力，以达到将大量知识内化的目的。在教学过程中，教师要密切注意学生的信息加工处理过程，在其遇到困难的时候给予及时的辅导和帮助。

（三）第三层：信息技术作为协作工具

与个别化学习相比，协作学习有利于促进学生高级认知能力的发展，有助于培养学生的协作意识和技巧、能力、责任心等方面的素质，因而受到广大教育工作者的普遍关注。但是，传统的课堂教学受人数、教学内容等种种因素的影响，常常使教师心有余而力不足。计算机网络技术为信息技术和课程整合、进行协作式学习提供了良好的技术基础和支持环境。计算机网络环境大大扩充了协作的范围，减少了协作的非必要性精力支出。在基于互联网的协作学习过程中，基本的协作模式有四种：竞争、协同、伙伴和角色扮演。

竞争是指两个或多个学习者针对同一学习内容或学习情景，通过互联网进行竞争性学习，看谁能够首先达到教学目标的要求。这一过程在培养学生技巧和能力的同时，也培养了学生的竞争意识和能力。基于竞争模式的网络协作学习，一般是由教师预先提出一个问题或目标，并提供给学生解决问题或达到目标的相关信息。学生在开始学习时，先从网上的在线学习者名单中选择一位竞争对手或选择计算机作为竞争对手，并达成竞争协议，然后开始各自独立地解决学习问题。在学习过程中，学生可看到竞争对手所处的状态以及自己所处的状态，并可根据自己和对方的状态调整自己的学习策略。竞争一般要在智能性较强的网络教学软件支持下进行。

协同是指多个学习者共同完成某个学习任务，在共同完成任务的过程中，学习者发挥各自的认知特点，相互争论、相互帮助、相互提示或者进行分工合作。学习者对学习内容的深刻理解和领悟就在这种和同伴紧密沟通与协调合作的过程中逐渐形成。协同需要多种网络技术的支持，如视频会议系统、聊天室、留言板等。

伙伴就是在网络环境下找到与现实环境中的伙伴类似的学生，然后共同协作、共同进步的过程。另一种伙伴形式是由智能计算机扮演伙伴角色，和学生共同学习、共同玩耍，并在必要时给予忠告等。

角色扮演是指在用网络技术创设的与现实或历史相似的情境中，学生扮演其中的某一角色，在角色中互相学习的过程。角色扮演一般采用实时交互的网络工具，如视频会议、多功能聊天室等。

可以发现，以上四种学习模式中，学习和教学基本上都是在网络技术的支持下进行的，学生通常处于一种参与状态。

（四）第四层：信息技术作为研发工具

虽然我们强调对信息加工、处理以及协作能力的培养，但最重要的还是要培养学生的探索能力、自己发现问题和解决问题的能力及创造性的思维能力，这才是教育的最终目标。在实现最终目标的教学中，信息技术扮演着研发工具的角色。

很多工具型教学软件都可以为该层次的教学和学习提供很好的支持。随着信息技术的飞速发展，新技术在教学中的应用为学生的探索和学习提供了强有力的支持。探索式教学和问题解决式教学等都是将信息技术作为研发工具的教学模式，而且也取得了一定的成果。但是，如何更好地发挥信息技术的作用，设计出能更好地培养学生创造性思维能力的模式，仍是所有教育人员奋斗的方向之一。

三、阶段三：全方位的课程整合

虽然前两个阶段的七个层次彼此之间有很大的差异，但是，它们都没有使教学内容、教学目标及教学组织架构实现全面的改革和信息化。当七个层次在较大范围内得到推广和使用，并取得很大的成功时，当教育理论和学习理论得到充分发展和利用时，当信息技术在教学中的应用得到更系统、更科学的探讨和细化时，必然会推动教育发生一次重大的变革，促进教育内容、教学目标、教学组织架构的改革，从而完成整个教学的信息化，将信息技术完全融入教育的每一个环节，达到信息技术和课程改革的更高目标。此阶段亦可细分为三个层次。

（一）第一层：教育内容改革

信息技术在教学中的应用，给传统教学内容、教学结构带来了巨大的冲击。

那些强调知识内在联系、基本理论与生产生活相关的教学内容变得越来越重要，而那些脱离实际、基于简单知识传授和简单技术培训的教学内容则成为一种冗余。与此同时，教学内容的表现形式也将发生很大变化，由原来的文本性、线性结构形式变为多媒体化、超链接结构形式。

（二）第二层：教学目标改革

教育内容的改革会对现有的"以知识为中心"的教学目标产生强烈冲击，改革之后，"以能力为核心"的教学目标将成为主体。这些能力包括：①信息处理能力（获取、组织、操作和评价）；②问题解决能力；③批判性思维能力；④学习能力；⑤与他人合作和协作的能力。目前，这些目标已经在一定程度上受到一些人的重视，随着信息技术和课程改革的不断深入，必将产生新的帮助学生参与真实性任务和产生真实性项目的教学目标。

（三）第三层：教学组织架构改革

随着教育内容和教学目标的改革，教学组织架构和形式也会发生相应的变革。

教学目标强调以真实性问题为学习核心，这就要求教学必须打破传统的45分钟或50分钟一堂课、学生都坐在教室中听课的时间和空间限制，学习必须以项目和问题为单位，对学习的时间和空间进行重新设计和规划。在教学的组织形式上、活动安排的分组上，也要打破传统的按能力同质分组的方式，实行异质分组。

第三节　大学数学精品课程建设实践

精品课程建设是提高教学质量从而提高人才培养质量的基础性工作。根据学院课程建设的总体规划，高等数学课程建设工作在学院精品课程建设工作中首当其冲，这既是对高等数学课程建设工作在整个工程技术人才培养中的重要地位与基础作用的确定，也是对我们高等数学课程建设工作的激励与鞭策。

一、大学精品课程的内涵与特点

精品课程是具有一流教师队伍、一流教学内容、一流教学方法、一流教材、一流教学管理等特点的示范性课程，是聚集优质的教育资源、提高课程教学质量、用优质资源解决某门课程教与学的整体解决方案和教学创建活动。精品课程具有以下特点：

（一）先进性

精品课程教学理念先进，教学内容先进，教学模式先进，教学方法与手段先进，教学评价先进，教学效果先进。

（二）互动性

精品课程能及时反馈校内外、行业、企业、同行、学生的有效信息，强化精品课程建设者和使用者的联系、沟通与合作建设。

（三）整体性

精品课程具有完整的课程建设环节，有课程设计与安排、教学团队的配置与建设、教学模式与教学方法的改革与创新，等等。

（四）开放性

通过精品课程的评选和培育，利用网络平台，实现优质教育教学资源的有效共享，为师生提供优质的教育教学条件，共同提高教育教学质量。

（五）示范性

在教学改革、人才培养模式、实训基地建设、师资队伍建设、课程体系与教学内容改革等方面，精品课程是同类课程发展的模范、改革的模范、教学的模范、管理的模范。

二、精品课程建设的意义

（一）发掘、培育优质教学资源

在精品课程创建过程中，从课程的申报、建设、评审到使用，都实现了优质教学资源的发掘和培育。

（二）教师和学生成为最大的受益者

精品课程建设为高校的课程建设提供了样板。好的课程内容、教案、课件及颇有分量的教师的教学录像等呈现在网上，不同学校间可共享优质教学资源，互相学习、取长补短、教学相长，协同提高教学质量。

（三）推进经管类信息化建设进程

精品课程的效益是通过信息技术手段的使用来实现教学资源的共享的，学校要从事精品课程的建设或使用精品课程教学资源，就必须提高其使用信息技术的能力。这将进一步推进数学教学和管理信息化建设的进程及教育教学现代化的进程。

三、大学高等数学精品课程建设的主要目标

精品课程是具有一流教师队伍、一流教学内容、一流教学方法、一流教材、一流教学管理等特点的示范性课程。根据大学建设与发展的学校定位与特色,结合大学高等数学课程建设工作所取得的成果与目前的实际情况,确立了大学高等数学精品课程建设工作的主要目标是:(1)建设成为学院首批精品课程;(2)建设成为精品课程;(3)力争建设成为国家精品课程。

在高等数学精品课程建设过程中,尤其应注意结合一般院校的基本特点,突出自己的特色,发挥自身优势,不断探索与实践精品课程建设对一般院校提高教育教学质量及实现人才培养总目标的基础与辐射作用。

四、大学高等数学精品课程建设的主要内容与初步实践

(一)课程标准修订

课程标准的修订可采取如下做法:①根据"宽基础,重应用"及对学员"创新意识与创新能力"的培养要求,"教学目的"中不仅体现加强基础知识教学的要求,还要体现重应用方面的要求,体现对学员"创新意识与创新能力"方面的培养要求;②根据教学目的的要求,注重"教学内容"的结构化与系统性,整合那些最能体现完整的大学数学基础知识结构、联系实际应用、对学生的创新意识和创新能力培养具有重要意义的内容,注重内容的科学性与先进性,逐步渗透科学研究前沿的现代化知识;③合理分配教学时数,注意课堂讲授、学生练习、独立探究与实践等教学环节的合理搭配。

（二）教学内容的充实与整合

高等数学是基础类课程，基本内容相对稳定，但高素质复合型人才的培养目标对大学生的创新意识和数学建模能力提出更高的要求，因此教学内容的取舍和组织显得尤为重要。同时，由于计算机技术的迅猛发展，多媒体辅助教学手段不可避免地影响着教学内容的组织形式，在多方论证与潜心研究国内外同类教材与其内容改革的基础上，着力对影响现代教育思想与观念的贯彻、教学模式与教学方法的实施、现代化教学手段的运用以及对学生数学素养的提高、数学创新意识与数学建模能力的形成起至关重要作用的教学内容进行改革。

①适当充实有益于提高大学生数学素养必要的知识，如增加"实数系概论""数列极限"等教学内容；②适当调整有益于完善大学生数学知识结构、拓宽其应用口径、有益于形成数学创新意识和数学建模能力的知识，如将"空间解析几何与向量代数"部分纳入"线性代数与解析几何"课程体系，用代数这一有力的数学工具解决复杂的几何问题；③计算机软件用于数学教学，数学知识的呈现形式和生成方式发生相应的变化，如复杂的运算结果可以用计算机进行近似计算，抽象的几何图形可以用工具软件来生成，教学内容的表达方式从而发生相应的变化；④加强基础知识教学，强化应用环节，渗透数学建模思想，基础知识注重从实际背景引入，抽象出其数学模型，回到实践中去，应用数学模型；⑤加强数学与最新科研成果的联系，精品课程的教学内容要先进，要及时反映本学科领域的最新成果；⑥精选具有实际背景的内容，开设数学探究课（或建模课），培养学生的问题解决能力；⑦自选专题研究课题，完成专题研究报告或小论文；⑧增开"荣誉性课程"，让学有

余力的学生拓宽知识视野，增强独立探究的兴趣，逐步培养独立研究问题的能力。

（三）教学方法、手段与教学模式改革

1. 教学设计

"自下而上"和"自上而下"的设计思想。教学设计应充分服务于学生的数学建构活动，通过对建构观下数学知识和学习活动的分析，就有意义地接受学习而言，学习的实质是"接受"，相应的数学知识应是人们既已发现的数学事实、概念、定理、定律等，且以数学语言的形式出现。学习者的任务在于改造新知识，以使其纳入原有经验或者组合、选择旧有知识，以使新知识与其吻合，这是一个由抽象或概括向具体经验领域发展的过程，这种数学知识称为"自上而下"的知识。而教学设计正沿着相反的方向，即教师尽可能丰富学生已有经验，激活已有知识，顺利实现对抽象的数学新知识的接受，此称为"自下而上"的教学设计。在问题解决的数学学习中，学习的实质是"发现"，要学的数学知识对学员来说是未知的，新知的发现是学员沿已有经验和知识的线索探索的过程，它是"从具体水平向知识的高级水平发展，走向以语言实现的概括"的过程，这种知识称为"自下而上"的知识。此时常采用这样的教学设计：教师提出整体性学习任务，选择与学生生活经验有关的真实问题，并提供理解和解决问题的相应工具，学生则要尝试着将整体任务分解为子任务，自己发现完成各级任务所需的相应知识技能，并通过自己的思考或小组探讨，在掌握这些知识技能的基础上，使问题得以解决，完成学习任务。这种设计被称为"自上而下"的教学设计。

2. 教学方法

根据数学知识的特点和学生学习过程的特点，灵活而恰当地选用教学方法。

在大学数学教学中，应灵活而恰当地选用以下三种教学方法：以意义接受学习为主，教师主导的讲授方法；以研讨学习为主，师生合作的讲练方法；以探究学习为主，教师指导的发现方法。那种一提讲授便认为不利于学生自主精神的发挥的观点显然是片面的，而一味地研究性学习也是不现实的，有悖于"教学"这一特殊社会现象的本质规律。然而，学生创新意识和探究能力的培养的确是教学的终极追求，灵活而艺术地选择教学方法就显得尤为重要了。

3. 教学手段

传统媒体（黑板、粉笔、手工教具等）和现代多媒体的灵活运用，是师生开展数学探究活动的必要辅助手段，构成数学学与教活动的重要辅助。以电脑为中心的多媒体至少在下述几方面发挥了传统教学手段无法替代的作用：提供问题情境快速便捷、清晰醒目；背景介绍、概念引入、定理呈现及时详尽，一改黑板板书的只言片语、提纲挈领，克服因对概念定理的不完全把握造成对后续学习的影响；模拟演示直观形象；尝试与验证方便自然；网上学习实时便利，资源丰富，讨论问题交互进行。但是，由于数学自身的特点及数学学习的特殊规律，传统的黑板推演过程更能展现思维的发展轨迹，洞察学生思考的来龙去脉，有利于发展学生的逻辑思维、发散思维以及抽象思维能力，发展空间想象力和捕捉数学创造的灵感。因此，在教学中仍能发挥特殊作用，和现代多媒体共同构成师生探究活动的强有力辅助手段，两者需要有机结合、灵活运用，不可偏废。

在数学教学中，多媒体辅助手段的应用原则大致为：①以掌握运算技能为主的课（如解微分方程、求极限、导数、积分等），多媒体用于教学内容的呈现；②以概念理解、定理领会与应用为主的课（如极限概念、中值定理等），多媒体用于重要数学思想的动画播放、直观图形的演示等；③数学实验课、建模课（如级数求和、微分方程数值解、函数最值等），多媒体用于数据处理、程序编写及图像生成等。

（四）教学资源建设

教学资源建设是课程教学改革中最重要的"物"的因素，是实现现代教育思想与理念、推行现代教学模式与方法、革新教学内容的有力载体和工具。教学资源建设主要包括：①更新完善与维护多媒体网络教室的教学设备；②配置满足教学改革需要的教学参考资料（包括教学软件与工具软件）；③编写教学同步参考书（教师用书）与学习同步参考书（学员用书）；④制作完善"基于网络与多媒体辅助"的"高等数学"课件；⑤及时更新与维护教学网络资源；⑥充实完善试题库、试卷库。

（五）教学队伍建设

毫无疑问，师资队伍建设是建设精品课程的首要前提。

虽然多年来大学高等数学课程教学队伍水平相对较高，传统意义下的教学水平相对较高，但是对精品课程建设的更高目标而言，无论是教育思想的转变、教育理念的更新，还是现代化教学手段的运用，都还有一定的差距。同时，由于高等数学课程课时多、周期长，教授高等数学课程需要投入大量的精力和时间，这往往会影响教师自身在科学研究上的发展。因此，我们应在引导与政策的支持下，首先致力于构建一支具有奉献精神、爱岗敬业、肯于钻研高等数学教学业务的任课教师的核心队伍。其次是积极做好青年教师的培养工作，对他们一方面要严格要求、认真考察、继续发挥导师制的优势；另一方面又要大胆放手让青年教师去工作，相信他们的工作能力，使他们迅速成长起来，成为高等数学课程教学的中坚和骨干。

在高等数学精品课程的建设中，只要我们努力坚持以人为本、学生第一、事业为重的教育理念，就一定能够逐步建设一支结构合理、人员稳定、教学水平高、教学效果好的优秀教学团队，实现优质课程的教学接力。为高等数学精品课程建设提供坚实的组织保障。

（六）教学研究活动

组织公开课等多种形式的教学研究活动，多视角观察和透视当前高等数学教学现状。

1. 研究数学课与其他后续课程的内容衔接问题

数学课是很多专业课程的基础，是后续课程研究问题的重要工具。而现行数学课教学只注重传授抽象的数学结论，对数学在其他方面的应用关注不够，值得进一步研究。

2. 研究数学教学过程中"问题—情境"的创设

数学新知识的呈现方式多种多样，如可以按照知识本身的先后顺序，也可以把知识加工成问题，让学生自主探索结论，让学生用已学过的知识解决问题，然后再引入新知。不论通过何种问题情境引入新知，都要有利于学生新知识的构建和探究能力的培养。

3. 研究数学教学中数学文化观念的渗透

数学不但是应用广泛的工具学科，而且也是蕴含丰富文化精神的学科。

反映在教学中尤其是大学数学教学中，数学教育的功能远不只让学生掌握公式、定理和应用数学知识解决实际问题，更重要的是应通过数学的文化教育功能价值，训练学生的思维方式，提高学生的数学素养，塑造学生完美的人格。

（七）高等数学实验课程的引入试点

在大学数学课程中开设数学实验课程已经在全国各高等学校中成为趋势和必然。但如何在大学数学基础课程中科学地引入数学实验的初步基础，为后续的数学实验课程留下一个良好的知识延伸与能力培养的接口，仍处于起步与探索阶段。为此，在学院的高等数学课程中可以尝试同步引入数学实验初步，并开展积极的探索与实践。模式一：选拔少数有兴趣的优秀学生，独立设课，提供优质的教学环境与资源。模式二：本着给予少量课内学时，努力拓展课外学时空间，辅之以课外学生科技活动等多种形式，达到知识学习与动手能力的双赢。

（八）教学质量评价体系与主流数学软件初级水平测试的研究

积极建立高等数学课程教学质量的跟踪评价体系，建立学生评教制度，对高等数学课程的数学实验部分建设初级水平测试系统。

根据高等学校非数学类专业数学基础课程教学指导分委员会关于大学数学教学现状的调查研究，大学数学教学现状不容乐观，提高教学质量也非朝夕之事。因此，精品课程建设工作不仅意义重大，而且任重道远。

第四节 校本微课程资源建设与应用模式研究

一、微课程的缘起

微课程又名微课，这一概念是 2008 年美国新墨西哥州圣胡安学院的高级教学设计师戴维·彭罗斯（David Penrose）提出的，他认为微型的知识脉冲只要在相应的作业与讨论的支持下，能够与传统的长时间授课取得相同的效果。相比戴维·彭罗斯提出的微课程，胡铁生从教育信息资源的角度深化了微课程的概念，他认为，微课程是针对某个学科知识点或教学环节而设计开发的长度为 5 ~ 10 分钟的微型教学视频片段，此外还包含与该学习视频内容相对应的教学设计、练习测试、教学反思等辅助性教与学的资源。它们以一定的组织关系和呈现方式共同"营造"了一个半结构化、主题式的资源单元应用"小环境"，随着教学需求、资源应用、学生反馈的变化而处于不断的动态发展之中。

二、校本微课程平台的建设

微课程平台应当是一个提供知识挖掘的平台，能告诉学生如何根据学习所需搜索相应的资源；允许学生对自己的学习有更多的主动权，自主地挖掘所需的知识点，有针对性地开展学习。它的设计与选择应考虑到以下几个方面的功能：

（一）便捷的导航与人性化的个人空间

在线学习者的核心需求首先是发现自己感兴趣的课程。在海量资源中能利用多样化的导航，引导学习者方便快捷地找到自己所需要的资源，可以极大地提升学习者的积极性。功能齐全、布局合理的个人空间对学习者同样很重要，学习者可以实现对课程信息的保存、学习过程的记录、交流互动的记录。个性化的空间页面设置还可以在方便学习者使用的同时增强学习者的存在感。

（二）设置制订学习计划的服务

网络学习环境中，学习享有极高的自由度。为此微课程平台设置学习计划模块可以更好地帮助学习者养成为自己的学习做整体规划的良好学习习惯。此外，还可以利用平台中对信息的推送功能，向学习者推送由易到难的课程，为学习者的学习提供循序渐进的课程选择建议。

（三）设置随时记录的服务

网络学习过程中，学习者也有随时随地记录课程学习过程中萌发的想法或知识碎片的需求，平台需要设置相关功能，可以通过提供标注与记录功能，实现精确标注与记录。

（四）设置问答服务

网络学习环境中，学习者也有社交的需求。学习者不仅有分享和表达的需要，更常见的是在课程学习各个阶段针对学习过程中疑难问题的问与答。"答"可以是预设的解答直接推送，也可以是教师及时针对性的答疑，还可以是其他学习者的解答。提问者在提问前还可以在课程问答网页上先搜索。对所有的"问"与"答",都保留有记录,方便整理与回放,也方便教师收集相关反馈信息。

(五)设置练习与测试服务功能

根据需要,练习题可以设置成封闭式与开放式两种不同层次的练习题,使得学习者既可掌握基础知识,又能锻炼思维。测试尽量以客观题的形式出现,可以方便地利用教师事先设置的答案实现自动批改。

(六)设置评价功能

引入游戏中的通关与积分功能。随时提示学习者在群体中目前的排名,针对学习者总积分累计给其提供不同身份,系统中为不同身份增开部分功能权限。平台中设置评价不是为了甄别而是激励,是为了进一步激发学习者的积极性。

(七)设置对回馈的自动分析功能

对于学生的练习及学生设置的标注情况,平台自动给出分析,学生可以根据分析找到自己在学习中的薄弱环节,教师可以根据分析来了解学习者的学习情况,进一步优化微课程或者有针对性地提供解释信息,甚至延伸出微课程的决定。

三、校本微课程资源库的形成

微课程资源建设需要加强信息技术与教学的深度融合,关注教师的

"教"，更要关注学生的"学"；支持"线性"教与学，更要支持"非线性"教与学。建设校本微课程资源库，可从以下几个方面入手：

（一）初级培训，为微课程推行营造良好的校内环境

通过对微课程的概念、应用的介绍，使大家了解微课程；通过微课程应用的展示，使大家感受微课程对学生的学习及实际教学可能产生的影响，从而对微课程产生兴趣；通过对录制软件的学习，使大家感受微课程制作的过程，录制软件的学习除了可以录制微课程之外，还可以解决实际应用中某些视频无法下载的问题，这点让培训的普及性得到保证。

（二）深入培训，为微课程资源建设与应用组建一支高素质的队伍

优质的系列微课程不可能通过强制分配任务来实现，它的制作者必须是一批对微课程怀有兴趣、有激情的人。为此，需要在全员初级培训的基础上通过双向选择组建队伍，再对这支队伍有针对性地进行深入、全面的培训，这是进行微课程资源建设与应用实践的前提。

1.培训内容梳理的方法

系列微课程一般以实际教学时序为主线，总结性的专题以知识体系为主线。目前微课程定位重点是解惑，为此，首先要提炼出适合制作成微课程形式的教学内容，如知识点中的重点、难点、疑点、考点等或教学环节中的学习活动、主题、实验、任务等。这些点与环节的梳理需要教师对教学内容有深入的研究与整体的把握。培训时大家共同观看典型的微课程，分析作用，学习提炼的方法，然后集中分学科组讨论，分工梳理，再集中对各自梳理的微课程制作目录进行审核，确保微课程内容的针对性。

2.规范化微课程的设计

（1）微课程的结构

要求有鲜明的主题和清晰的讲述线索。用清晰的话题引入课题、评价方法和考试方法，在保证时效的同时力求新颖。课中的讲解要求线索清晰，重点突出。收尾快捷的同时应注意对关键概念的总结。系列课程要注意风格的统一及前后内容的衔接。

（2）讲解的设计

新颖的课堂结构、精确的语言表达有助于形成自己独特的微课程风格。为此，讲解人要充分准备，力求语言准确、简明、流畅。

（3）配套资料的设计

配套资料包括课程说明、学习目标、所讲知识的背景信息，以及分层练习、教学案例、教学反思等教学辅助资源，所有资料的编辑格式力求统一，符合规范。这有助于微课程被更广泛地应用。

3.培训微课程平台的使用

无论是微课程视频、相关资料的上传还是作为在线学习的一个角色都需要熟悉平台的使用，不光是熟悉作为教师角色的空间功能，还要熟悉作为学生空间的功能，只有同时熟悉课程提供者与学习者两种角色的空间环境才能够更有针对性地为学习者提供资料与服务。

（三）分工协作，完成系列化微课程资源制作

校本微课程资源的建设可以根据成员特点分工协作，各人做自己擅长的专题。制作可以利用平时教学时间，与教学同步完成相关内容，某些专题也可以利用假期完成。在学校层面，对那些在微课程资源建设方面做出贡献的教师也要给予相应的奖励与肯定。

（四）多管齐下，实现优秀微课程资源的推广

通过各种教研活动、评比让优秀的微课程走出去，为更多的教育者所用，提高微课程资源的利用率。在这个过程中，制作者能受到激励，进一步增强微课程制作与应用的动力。毋庸置疑，优秀校本微课程资源的最终流向是更大型的在线学习平台。

四、微课程资源的应用模式探索

人们最为熟知的微课程应用方式就是非正式在线学习形式，有学者认为："微课程能够为学生提供'自助餐式'的资源，能帮助学生理解一些关键概念和难以理解却要求掌握的技能。微课程的开放性及后续补充与开发的潜力也为教学应用带来了巨大的灵活性。"

（一）微课程资源在假期在线学习中的应用

微课程非常适合学生的"主动"学习，是学生开展自主学习、协作学习、探究学习的有效学习资源。学生在教师的指导下根据自己的实际需求有针对性地制订在线学习计划，在微视频和相关资源以及其他学习者、教师所组成的环境下进行在线学习，这样的举措应当是培养学生自主学习能力的有利探索与解决目前假期小课热的可行途径。

（二）在线学习存在的问题

这种高自由度的网络在线学习面临的问题是，在网络这个嘈杂的环境下，静心学习需要有强烈的目的性、积极性、主动性，而学生自控能力比较差，这会严重影响学习的效率。另外，很多家长谈网色变，也很难在思想上认同这种网络学习方式。

（三）微课程资源在日常教学中的应用

微课程可以结合多种教学方式进行使用。微课程可以作为颠倒课堂的课前预习环节的重要载体，学生在课堂之外观看在线的课程，在课堂上进行回顾和课堂活动。微课程为观看者提供的一对一的临场感是大规模班级授课、拥挤的教室所没有的。由于微课程具有小而精的特点，能够很容易地被整合于课堂教学上，以便学生能容易地理解所呈现的内容。此外，课后，它可以提供重点、难点、疑点及技巧与操作的讲解，支持分层学习，学生可以按照自己的需求重新访问教学资源，以加强学习效果。

（四）微课程的缺点

微课程所要求的这种特别的授课方式并不是所有教师都能习惯的，尽管它有助于增强课堂讨论效果，然而教师使用时必须能够动态地适应新情况；此外，它在广度、深度和复杂度方面存在不足，同时因为它是提前录好的，也不能支持临时性的问题。

（五）微课程的未来

有专家预计，作为在线课程以及未来教学资源发展的新形式与新趋势，微课程将成为最有前景的教育技术之一，正受到教育研究者与实践者的关注。微课程资源建设与应用探索对教师的信息化教学设计能力、资源开发能力提出了更高的要求，同时也成为提升教师专业发展水平的重要途径。

第七章 高校数学移动自主课堂模式的构建思路

第一节 云课堂

一、云计算支持下的教学模式诉求

随着现代信息技术的迅猛发展，网络技术在教育中的应用日益广泛和深入，特别是因特网与校园网的接轨，为学校教育提供了丰富的资源，使网络教学真正成为现实，为有效实施素质教育搭建了平台，并有力地推进了新课程改革。现代信息技术的发展在对创新人才的培养提出挑战的同时也提供了机遇。运用现代信息技术的教学具有"多信息、高密度、快节奏、大容量"的特点，其所提供的数字化学习环境，是一种非常有前途的个性化教育组织形式，可以超越时间和空间的限制，使教学变得灵活、多变和有效。处在教育第一线的我们，必须加强对现代化教育技术前沿问题的研究，努力探究如何运用现代信息技术，尤其是在课堂上将基于现代信息技术条件下的多媒体、计算机网络与学科课程整合，创新教学模式、教学方法，更好地激发学生的学习兴趣，调动其积极性，使课堂教学活动多样化、趣味化，生动活泼、轻松愉快，提高教学效率。

无线网络为我们提供了移动学习的基础设施，移动学习可解决传统教学时空受限的问题，可实现教与学随时随地进行，可开展"Anyone""Anytime""Anywhere""Anystyle"的 4A 学习模式。大数据为客观评价学习效果及教学质量、科学实施因材施教等指出了方向。慕课与翻转课堂已成为信息化环境下教与学模式研究的热点。但如何构建基于无线网络和大数据，吸收慕课和翻转课堂的优点，又结合我国班级授课制实际的课堂教学支撑平台呢？为此，我们根据需要设计并构建了云课堂教学模式。

云课堂包含的角色有学生、教师和管理员，他们都可通过网页或者平板电脑与服务器交互，实现所需的功能，如出题、出卷、布置作业、考试、做题、批改作业等。网页浏览器与服务器交互主要是给管理员和教师提供图形用户接口，以方便其使用电脑进行系统的管理工作，如系统参数设置、用户管理、题库管理、试卷管理、考试管理和教学质量分析等相关功能。平板电脑与服务器交互可为所有角色服务：管理员可以了解指定教师和班级的情况；教师可以实现实时出题、出卷、布置作业、批改作业、改卷，查询学生学习情况等；学生可以实现实时学习、考试、练习等功能。

以云课堂为核心，我们还设计了"四课型"渐进式自主学习方式。其基本模式是先学、精讲、后测、再学：教师提前通过学生学习的支持服务系统向每个学生发送资源包，包括导学案、课件、测试题及有关学习资源（包括微视频等）；学生参考资源包，依据课本进行预习自学，并记录问题或疑问；学生通过平板电脑或其他媒介展示反馈学习成果，或通过学生学习支持服务系统进行前测，通过测试展示学习成果或问题；对反馈回来的重难点内容可由学生或教师进行点拨，在充分质疑、交流的基础上进行归纳总结（教师与学生互动）；最后通过学习平台进行练习评价课，系统自动统计测试成绩并对其进行分析，之后由学生、教师或系统进行讲评。

这种课堂教学支撑平台支持下的课堂教学可满足以下诉求。第一，满足课堂教学的要求。慕课和翻转课堂无法支持课堂教学的各方面要求，而云课堂可支持课堂教学的各个环节，包括备课、上课、提问、课堂练习、单元测验、考试、学生评价等，并具有可操作性和方便性。第二，可随时随地组织课堂教学。慕课授课形式具有局限性，翻转课堂不能实时地进行课堂教学，云课堂则在无线网络的支持下，可以不限时间和地点地组织课堂教学。第三，支持各种形式的教学模式，其中包括慕课模式和翻转课堂模式。第四，支持因材施教。基于大数据，云课堂可以自动或人工地获取教学行为、学习行为等数据，建立评价体系和数据挖掘模型，客观评价学习效果、教学效果、学生分析等，从而根据这些数据和评价信息，实施因材施教。第五，支持教学资源开放、共享。原则上，云课堂支持各种形式的教学模式和学习方式。

二、云课堂中师生的自主学习角色

（一）学生角色

学生进入云课堂后会看到自己未完成的任务，其中包括教师发布的考试、作业和学习资源；能够查看自己制定的学习任务，如查看学习资源和错题练习等；系统会根据学习曲线算法在适当的时间给学生布置相应的学习任务，如当学生长时间没有复习和练习某个知识点时，系统会将相应的学习资源和练习推送给学生进行复习和练习。

学生可以查看自己最近一段时间的学习记录，及时了解自己的学习情况。学习记录中包括最近学习了哪些资源及学习每一种资源所用的时间、测试情况的反馈，包括每一个知识点测试题目的数量、正确率等信息。平时考试、做作业会产生错题，利用好这些错题可以有效提高学习效率。学生可以利用云课堂的"错题本"功能，根据时间顺序（倒序）、试题错误次数（倒序）、知识点归类和随机这几种方式查询最近的错题，每一道错题都可以进行即时练习，每一次练习都自动存入系统，并根据结果的对错调整该错题的权重。同时，系统可以自动推送与某道错题相关的知识点和学习资源，以方便学生进行针对性的学习（因材施教）。另外，云课堂的考试、作业功能可以根据学生的学习记录自动剔除学生已经牢牢掌握的试题，从而缩短学生的学习时间，提高其学习效率。学生可自主地在题库中以随机（由系统根据算法进行预筛选）或指定筛选条件等多种方式抽取试题来进行学习。系统会根据学生的特点推送与掌握不好的知识点相关的试题供学生进行练习（缩短学习时间）。同时，系统可根据高分学生的学习记录，推送这部分学生的学习资源和练习题供当前登录的学生进行练习，并根据练习题的测试情况调整推送参数，以探索最适合该学生的学习模式。针对每个学生的不同学习特点，系统能够对学习资源进行有效分类从而将知识点和学习资源建立网络结构，并根据教师指定的难度和实际测试过程中形成的难度数据建立分层结构（海量资源分类）。

（二）教师角色

教师可利用平板电脑或其他方式出题，同时指定试题的属性，如关联的知识点、体现的能力和难度系数等。对于试题的难度系数，系统可以根据学生答题的情况计算出来，自动将错误率较高的题目推送给教师并给出相应建议，从而优化题库。为了提高教学效率及资源利用率，系统可以统计每个资源的使用情况，包括学习次数和时间等，并针对使用过于频繁或者过少的资源推送通知。同时，系统还可以监控学生学习指定资源的情况，包括近期学了哪些资源、投入时间如何、成绩如何等，从而更准确地了解学生的学习情况，提高课堂教学效率。

教师可以通过考试系统发布随堂练习，及时查看学生对学习的掌握程度，以便当堂解决学生在本节课学习中存在的问题。考试系统可以根据历史数据，对试题库中的试题进行预筛选，剔除正确率非常高、近期出现频率过高的试题，同时将错误率过高、近期很少出现的试题前置显示，为教师提供更多的建议，从而提高出题质量，实现因材施教。在体现个性化教学方面，系统中的学生学习情况查询功能可以使教师了解学生的整体情况，包括错误率较高的知识点和题目。同时，将查询到的数据与相应学生学习资源的时间投入情况进行对应，协助教师分析学生失分的原因，还可以针对指定学生，了解其最近的学习档案和考试、练习情况，包括其薄弱知识点、资源学习的盲区等，以便针对个体给出个性化的学习建议。

三、营造师生及生生互动的学习空间

（一）师生、生生互动

云课堂采用先学、精讲、后测、再学，并有教师参与的教学模式。在云课堂中，教师根据学科类型、知识点特点、学生特点、教学目标与教学内容等，可采用灵活多样的教学方式，并且系统可自动记录学生行为和教师行为的数据。

教师根据系统提供的数据可以了解每一个学生的学习情况，学生也可以通过"点赞"或"不赞成"、"笑脸"或"哭脸"等方式对某知识点的学习心情、学习效果、教师讲解等情况做出直观的回应。学生之间可以针对某知识点的学习进行竞争学习，教师和学生之间可针对某知识点发起话题讨论等，在课堂教学中实现师生、生生互动。更重要的是，这样可采集到用于学生分析和管理的真实数据。

（二）个性化学习

在课堂教学中，虽然学生是在教师的安排下进行有序学习，但课上时间主要集中在教师对疑难问题的解答或教学内容的精讲上。而那些在课上没学会或缺课的学生，则可以在课外登录云课堂，自主学习与在课堂教学中相同的内容。在课外，系统会根据每位学生的学习路径和近期的学习情况，针对教学过程中的重难点和每位学生学习过程中的错误点进行个性化推荐。根据系统记录的学生错误试题的数据，教师也可以进行个性化指导。

（三）学习轨迹与成长记录

云课堂可以详细记录学员的学习过程和学习习惯等相关数据，再加上教师的指导，更能充分发挥这些数据的作用。

第二节　云计算网络移动自主课堂的改革突破

云课堂是基于无线网构建的课堂教学支撑平台，它充分吸收了无线互联的优势，教师可根据教学目标、教学内容、教学方法等，利用教学资源支持备课、上课等教学环节，并建立知识点之间的内在联系。

一、构建自主学习的移动课堂

自主学习（意义学习）是相对于被动学习（机械学习、他主学习）而言的，它是指教学条件下学生的高质量的学习。概括地说，自主学习就是自我导向、自我激励、自我监控的学习。学生可以明确提出课前自学，并提出疑问。教师可在课堂上引导学生进行分组讨论，解决问题，对一些共性问题进行点拨。

我们要强调自主学习、合作学习、探究学习，要把所有学生的学习都提高到自主学习的高度。自主学习就是学生自我导向（明确学习的目标）、自我激励（有感情地投入）、自我监控（发展学生的学习策略和思考策略）的过程。作为教学的一个目标，应通过解决具体真实的问题来更好地明确解决问题所依据的原理。让学生能够把这一原理应用到更广泛的情境中去。原有的试图说服学生、命令学生、简单重复已有的正确结论的学习方式不仅禁锢了学生的思想，剥夺了学生质疑的权利，更压抑了学生的创造潜能。

自主学习具有以下几个方面的特征：学习者参与确定对自己有意义的学习目标，自己制定学习进度，参与设计评价指标；学习者积极发展各种思考策略和学习策略，在解决问题的过程中学习；学习者在学习过程中有情感的投入，学习过程有内在动力的支持，能从学习中获得积极的情感体验；学习者在学习过程中对认知活动能够进行自我监控，并做出相应的调适。

自主就是尊重学生学习过程中的自主性、独立性，在学习的内容上、时间上、进度上更多地给予学生自主支配的机会，给学生以自主判断、自主选择和自主承担的机会。过去的课堂是教师主导学生学什么、什么时间学，学生始终处于被动状态，这种过度控制压抑了学生学习的兴趣和在学习过程中的美好体验。自主学习可以有效地促进学生发展，大量的观察和研究充分证明，只有在此种情况下，学生的学习才是真正有效的学习。学生会感觉到别人在关心他们，对他们正在学习的内容很好奇，同时也会积极地参与到学习过程中，在任务完成并得到适当的反馈后，他们看到了成功的机会，也对正在学习的东西更加感兴趣并觉得富有挑战性，感觉到他们正在做有意义的事情。

二、构建合作学习的移动课堂

合作是对教学条件下学习的组织形式而言的，相对的是"个体学习"与"竞争学习"，是学生之间和师生之间的互动合作、平等交流。在合作学习中，学生不再是孤立的学习者，而是愿意与同伴一起合作学习，与人分享学习与生活中的失败与成功的体验者。合作是一种开放的交流。培养学生合作的品质，可使学生乐于与他人打交道，这是培养人的亲和力的基础。合作学习是学生在小组或团队中为了完成共同的任务，有明确的责任分工的互助性学习。它有以下几个方面的要素：积极承担在完成共同任务中个人的责任；积极地相互支持、配合，特别是在面对面的促进性的互动中；期望所有学生能进行有效的沟通，建立并维护小组成员之间的相互信任，有效地解决组内冲突；对个人完成的任务进行小组加工；对共同活动的成效进行评估，寻求提高其有效性的途径。

合作动机和个人责任是合作学习产生良好教学效果的关键。合作学习将个人之间的竞争转化为小组之间的竞争。合作学习既有助于培养学生合作的精神、团队的意识和集体的观念，又有助于培养学生的竞争意识与竞争能力；合作学习还有助于因材施教，可以弥补一个教师难以面对有差异的众多学生教学的不足，从而真正实现使每个学生都得到发展的目标。在合作学习的过程中，由于有学习者的积极参与、高密度的交互作用和积极的自我概念，因而教学过程远远不只是一个认知的过程，同时还是一个交往与审美的过程。

三、构建探究学习的移动课堂

"把课堂还给学生"即教师要积极地在课堂上开展探究式教学，让学生不仅知其然，还要知其所以然。探究教学的含义是：在教学过程中以具有教育性、创造性、实践性、操作性的学生主体参与活动为主要形式，以鼓励学生主动参与、主动探究、主动思考、主动实践为基本特征，以教师合理的、有效的引导为前提，以实现学生各方面能力的综合发展为目的，促进学生整体素质的全面发展。

与探究学习相对的是接受学习。接受学习是指将学习内容直接呈现给学习者，而在探究学习中学习内容是以问题的形式来呈现的。和接受学习相比，探究学习具有更强的问题性、实践性、参与性和开放性。通过探究过程以获得理智和情感的体验、建构知识、掌握解决问题的方法，这是探究学习要达到的三个目标。"记录在纸上的思想就如同某人留在沙上的脚印，我们也许能看到他走过的路，但若想知道他在路上看见了什么东西，就必须用我们自己的眼睛。"德国哲学家叔本华的这番话很好地道出了探究学习的重要价值。探究学习也有助于发展学生优秀的智慧品质，如热爱和珍惜学习的机会，尊重事实，客观、审慎地对待批判性思维，理解、谦虚地接受自己的不足，关注美好的事物等。

探究创新就意味着不故步自封、不因循守旧、不墨守成规，总是试着改变，所以创新、探究和发展是健康人格的重要组成部分。探究学习即从学科领域或现实社会生活中选择和确定研究主题，在教学中创设一种类似于学术（或科学）研究的情境，学生通过自主、独立地发现问题、实验、操作、调查、信息搜集、处理表达与交流等探索活动，获得知识、技能，发展情感与态度，特别是在探索精神和创新能力方面开发学习方式和学习过程。

探究性教学过程：启发引导—自主研究—讨论深化—归纳总结—应用创新。这种探究学习教学的基本思路是，先明确学习目标，带着问题去学习探索新知识，可通过预习列出知识框架并找出疑难点，然后查找资料，尽可能地先解决此时所发现的疑难点。在课堂上，教师要走下讲台，到学生中间去，当好"导演"，要调动好课堂气氛，让学生在课堂上有问题提、有问题探究，有问题通过小组合作来解决；要允许学生发表不同的观点，教师只在一些科学性的问题上给出明确答案，适时进行点拨指导，如果学生提不出问题，教师就要事先准备好有探究性的问题，不同类型的内容有不同的探究方法，如有对新的知识点的探究，有对概念间的区别的探究，有对科学家研究问题思路的探究，有探究性实验的设计，有探究性问题的资料研究，有对照实验设计的探究，有对实习、实践等问题的探究等。总之，新课程教学要真正体现把学习知识的主动权交给学生，那种靠教师唱独角戏，采取满堂灌或满堂问的做法都不能适应新课程改革的需要。

四、教师落实移动课堂的教学模式

教师走下讲台，创造活跃的课堂氛围，可以使学生迅速进入情绪高昂、智力振奋的内心状态，从而有效地促进学生思维方式以及思维过程中能力的迁移，达到培养学生联想类比能力的目的。这就是"激趣—探究"教学，其基本模式为：激发兴趣——提出问题，做出假设；设计方案——分组实验，合作探究；分析数据——发现规律；综合考虑——得出结论。这使课堂真正成为一种民主、和谐、共进的平台，最大限度地提高了学习的自由度。这种教学模式改变了师生在课堂中的角色定位，使学生成为课堂的主角，使教师担当了"导演"，通过教师的"导"，让课堂成为一个真正的"学习共同体"；使教师与学生能够分享彼此的思考、经验和知识，交流彼此的情感、体验和观念，共同创建一个"合作型的课堂"；使师生在合作的过程中都能有所收获，真正实现师生的共同发展；使教学从"主体失落"走向自身觉醒，教学觉醒意味着教学主体的回归，教学觉醒意味着教学过程是一种对话；使学生从边缘进入中心，这种教学模式需要重视学生的多元化，需要教学回归学生的现实生活。

关注学生作为"整体的人"的发展，是指"为了每位学生的发展，让每一位学生都自信，使每一位学生都成功"，就要谋求学生智力与人格的协调发展。倡导个性化的知识生成方式，是指学校教学应促进学生发现和创造的兴趣，满足学生主动认识世界的愿望，使学生形成独立思维的习惯及终身学习的能力。我们所处的时代是一个知识激增的时代，知识浩瀚无边，教师所能教给学生的只是知识总量中极少的一部分。学生只有通过自己主动地探究学习，才能形成对自然界客观的、逐步深入的认识，形成一定的概念和概念体系。变"组织教学"为"动机激发"，变"讲授知识"为"主动求知"，变"巩固知识"为"自我表现"，变"运用知识"为"实践创新"，变"检查知识"为"互相交流"。

第三节 构建网络移动自主课堂教学的重要性

网络移动自主课堂是对传统课堂的变革，是在优秀教师的指导下，先学后教的课堂教学模式。它以发挥学生参与性与主动性为目标，充分尊重学生各方面的差异，注重学生个性发展；它在知识高效传送的基础上，推动课堂教学从"知识导向"向"综合素质导向"转变。

一、网络移动自主课堂的价值定位

网络移动自主课堂，是利用当前多媒体技术的条件和大数据分析的优势，为改变学生学习方式和教师教学方式所做的一种教学改革尝试。它是指把由教师重复讲授的内容，如概念讲解和事实展示等放在课堂教学之前，通过视频或其他形式供学生学习，从而让学生学习更加主动，让学生逐步学会对自己的学习负责。同时，在当前信息化的社会背景下，网络移动自主课堂可以充分利用多媒体技术，实现教与学的及时互动与信息反馈，把握学生的个体差异，强化教育教学的针对性，使学生的个性发展尽可能地得到满足，尝试为班级授课制背景下学生的个性化学习提供可能和载体；它使学生在课后高效学习的基础上，能够更加充分地利用课堂上的宝贵时间，用于学生完成作业、合作学习、动手操作、探究创造等，实现从"知识导向"向"知识与能力融合"、"认知导向"向"认知与情感统一"的转变。

（一）网络移动自主课堂的指向——让学生对自己的学习负责

从事网络移动自主课堂的研究者和实践者一再强调，让每个学生自己而不是教师和家长对学生的学习承担责任。个体终究要独立面对社会，处理各种复杂的社会问题。培养个体的自主自立意识和能力，既是一个社会问题，更是一个教育问题。如何培养学生的自主学习能力，让学生自己而不是教师和家长对其学习负责，是学生学习成功的关键所在。当然，学生自主学习意识的培养、自主学习能力的养成都很难自然形成，需要教师和家长共同培养和教育。

网络移动自主课堂作为一种"先学后教"的模式，在促进学生自主当家方面有着天然的优势。这一优势表现为：自定进度与步骤的自主学习方式有效地减轻了学生的心理负担，增强了学生主动参与讨论的积极性。

在班级授课制的情况下，教师在课堂上无法面对个别学生进行讲授，这样就会出现在部分学生并没充分掌握相关学习内容的情况下，教师已完成了他的授课任务。一句"大家都懂了吗"，似乎在提示不懂的学生可以提问（只要有学生提出问题，教师也愿意为其做出进一步指导），然而现实往往是，在课堂上很少有学生会经常提出问题，因为他们害怕被别的同学认为自己比别人笨。

在微视频学习的基础上，学生初步掌握了基本的知识，他们在课堂上感到自己有话可说、有话能说，由此，在课堂讨论中的参与性就得到了极大的提高。

心理学的研究表明，人的任何行为都是由其动机所推动的。这种动机有时是内部的，比如对阅读本身的喜欢、对探究知识的兴趣、对实验过程的好奇等，但是对学生而言，学习的动机更多是外部的：学得好就有更多机会在同学面前展示，就有机会教自己的同伴；学得好就能够得到教师的表扬、家长的鼓励、同学的赞扬等。网络移动自主课堂给了学生展示自己的舞台，这无疑对学习自主性的增强有着极大的意义。这是他们迈向自己对学习负责、自己对未来生活负责的第一步，其意义绝不能低估。

（二）网络移动自主课堂的目标——让每个学生成为最好的自己

1. 现行课堂的特点

客观地说，现行的课堂是在历史发展过程中形成的，与特定的历史阶段相匹配，它有着极大的合理性。然而，随着社会的发展，人们对教育的要求越来越高，它的一些弱点也逐步地显现了出来。

（1）整齐划一的教学步骤

在班级授课的模式下，面对数十个学生，教师很难照顾到学生的个体差异。教师只能以大体相同的教学进度来面对不同的学生。然而每个学生都是独特的主体，智能发展、人格倾向、个人喜好都有所不同，教师的教学活动一般都很难照顾到个体之间的差别。一种教学方式适应一部分学生，另一部分学生可能感到无所适从。

课堂中以教师的教为主，学生学习被动，学生学习什么、如何学习、什么时候学习、学到什么程度等，都是被规定好的，学生只有被动地按照教师设计的轨道前进。

每个学生都有着不同的学习速度和学习风格。一个班级内，对于同一内容，有的学生很快学会了，有的学生可能需要花费更多的时间才能学会；有的学生喜欢听讲的方式，有的学生可能喜欢看演示的方式，还有的学生可能需要亲自动手操作才能学会；一个学生学习数学很轻松，但是写作文就很吃力，另一个学生正好与此相反；有的学生喜欢分析各种物理现象，还有的学生擅长手工实践等。

其实，按照布鲁姆的观点，后进生和其他学生的差别，就在于他们学习同一内容所需的时间更长，如果时间允许，再加上有适合他们的学习材料，95% 的学生都可以达到掌握的程度。

（2）相对滞后的教学反馈

教师夹着厚厚一摞作业本走进教室，课后又带着一摞学生新交的作业本走出教室，这是目前我们在学校最常见的情景。如前所述，作业是学生巩固所学知识的重要手段，也是教师了解学生日常学习情况的主要途径。教师在课堂上布置作业，学生在课后完成作业，教师从学生完成的作业中了解他们学习的情况，这是当前教学的常态。师生们已经习惯了这样的教学反馈模式。然而，事实上，当教师在隔了一堂课后即使准确地了解了学生学习的情况，也已经很难在课堂上及时并有针对性地采取补救的教学措施。

与此同时，教师批改作业也已成了很大的负担，以致出现了一些教师采取抽查作业甚至让学生互批作业的情况。客观上这已使作业失去了教学反馈的功能，只有在学生学业上的问题积累到了一定程度后，教师才能发现他们存在的问题。也就是说，教学反馈的相对滞后在相当程度上影响了教学质量的提高。

（3）多数沉默的互动现实

为改变课堂教学中学生被动接受的现状，近年来，不少学者和教师做出了诸多探索和不懈努力，如减少班级规模，尝试班级内的同伴互助、小组合作等策略都是这方面的探索。在实践过程中，这些措施都取得了一定的积极成效，但是在教学流程不变的情况下，其效果注定都是有限的。

在大班授课的情况下，人们看到，在班级互动环节，比较活跃的总是那么几个"尖子"学生，他们思维敏捷、性格开朗，在师生互动中积极带头；而另一批学生往往成了"沉默的多数"，他们或者很少发言，或者只是在被教师点名以后才发言，或者跟在"尖子"学生后面发言，他们担心自己对教学内容理解不深、掌握不透，因而发言水平不高，有可能被教师和同学小看。长此以往，就造成了班级内的成绩分化。

2. 让每个学生成为最好的自己

如何让教学顺应学生的差异，从而为每个学生的充分发展提供指导和帮助，一直困扰着全球的教育工作者。网络移动自主课堂让每个学生成为最好的自己成为可能。

首先，"先学后教"的模式为在教学过程中给每个学生提供公平的机会创造了条件。学生的差异是客观存在的，然而，作为一种"先学后教"的模式学生在课下就已经掌握了基本的知识，尽管他们掌握这些知识所花费的时间，以及所采用的方式可能各不一样，但是，由此他们就有了在课堂讨论中的发言权，他们就不再甘心于充当"沉默的多数"这样的角色，他们也要在班级各种活动中积极参与，找回自信。

此外，及时而非滞后的反馈使得教师极大地提高了教学的针对性，而无须等到问题成堆以后再去解决。对于少数学生的个别问题，现代数字技术能够方便地找出其存在的原因，从而使这些个别问题也能得以解决。

多种途径的学习为不同思维类型的学生找到适合自己学习的方式提供了更多选择的机会。凯特林·塔克（Catlin Tucker）在以"网络移动自主课堂：超越视频学习"为题的论文中指出："慕课学习和网络移动自主课堂的魅力在于，它让人们意识到了学习可以有多种媒介和途径，而不仅仅是在课堂内。事实上，一段在线教学内容，人们可以找到多种表述方式的视频，张老师的没看懂，可以再换李老师的，学生总能找到一段适合自己的。""不让一个学生掉队，让每个学生成为最好的自己"就是网络移动自主课堂的目标。

（三）网络移动自主课堂的追求——让教育从知识本位走向综合素质本位

所谓综合素质，当然包含学生的认知、情感与身体各方面的素质。所谓教育从知识本位走向综合素质本位，也就是说教育要从以往只注重知识的掌握，走向也要注重学生能力——主要是学生高级思维能力的发展，同时更要注重学生态度、情感、价值观的养成，注重学生身体与心理的健康。从知识本位走向综合素质本位，是社会发展对教育的要求。重视学生综合素质的培养，尤其是价值观的养成，是基础教育阶段自始至终的重要任务，并在当前越来越受到世界各国的重视。2012 年 9 月，联合国总部启动了"教育第一"的全球倡议行动，倡议指出，教育应充分发挥其培育为人之道的核心作用，培养全球公民意识，帮助人们构建更公平、和谐和包容的社会；在教育内容上更加强调价值观的培养。对社会发展的研究表明，人才培养目标至少应该包括以下几个方面：

1. 国际视野与本土情怀的融合

现代人需要有国际视野，要懂得国际社会，要理解各国文化，通晓国际规则，适应国际竞争，能在国际舞台上贡献自己的一分力量。与此同时，我们不能忘记，在让学生有国际视野时，还要让他们爱家乡、爱土地、爱祖国。国际视野与本土情怀的融合就是要让孩子热爱祖国、热爱家庭、热爱父母，这几项缺一不可。

2. 科技能力与人文素养的统一

没有科技的进步就没有经济和社会的发展，就不可能有产业的提升和转型。因此，我们培养的人才还需要有人文素养、有人文关怀，能够始终从人性出发，从而以高质量的人文素养把握科技发展的方向。唯有如此，我们的社会才有可能持续地发展，我们的地球才有可能持续地成为人类栖息的家园。

现在社会发展在很大程度上是依赖于高科技的。为此，学校要让学生懂得科学、懂得技术，这样他们才能为社会创造财富。但是客观地说，相比较而言，当今社会的人们对科学技术重视有余，而对人文精神敬慕不足。所以我们要珍惜生命、关爱他人，要有人文的情怀、人文的素养。所谓人文情怀，就是要关注生命的意义、生命的价值，学会相互理解，懂得包容和谐。

3. 身体发展与心理健康的和谐

总体而言学习总是艰苦的，为此，我们要鼓励学生为了社会的发展，为了他们自身人生价值的实现，在今天要努力地学习，要鼓励他们有克服各种学习困难的毅力与勇气。但是，当学习的量超出了学生心理的承受能力，而致使学生表现出一些反常的行为的时候，我们应该思考是否有可能减少不必要的代价。

从这一事实出发，我们对家长和教师的建议是：千万别逼你的孩子或你的学生去学超出他能力的，或他不愿去学的东西。每个孩子都是不一样的。人家孩子能做到的，你的孩子未必能做到；人家孩子能学好的，你的孩子未必能学好。当然，你的孩子能做到的，人家孩子也未必能做到；你的孩子能学好的，人家孩子也未必能学好。最好的学习，是和你的孩子或学生兴趣相配的学习。学习不能只考虑学生的兴趣，也不能不考虑学生的兴趣。看到人家孩子在哪一方面成功了，就希望自己的孩子在这方面也能成功，不从孩子的实际出发，往往是教育失败的开始。

4.鲜明个性和团队意识的协调

没有个性就没有创造。每个人都应该有自己的个性。你是你，我是我，人家一看就知道。然而，不管人有什么个性，在现代社会中，都要讲团队、讲协作。所以，人们希望今天的教育所培养的孩子的个性是鲜明的，同时又是具有团队协作意识的，能在未来社会当中成为一个能够交流的、健康生活的人。重视知识的传递，一直是教师职业的重要表现。新课程改革虽明确提出对学生培养的三维目标——知识与技能、过程与方法、情感态度价值观，但由于受到当前考试评价体制的制约，过程与方法、情感态度价值观的内容很难在纸笔测试中体现出来，导致在当前的教学过程中，被师生所重视的依然主要是知识的记忆、理解和应用，而过程与方法、情感态度价值观的教育和培养处于被弱化的状态。

二、云计算对网络移动自主课堂教学的重要性分析

（一）有利于学生多元化地获取知识

科学技术的发展，尤其是信息技术的到来，已大大变革了学生的学习方式。电子白板、移动学习终端等学习工具、教学工具的推广和普及，改变了由教师作为单一的知识来源的局面。云课堂教学模式让学生获取的信息量更多，探索的空间更为宽广，可利用的学习形式更为丰富有趣，从而使学生的学习从单一向多元化转变，从被动学习变为主动学习，让学生真正成为学习的主人。

（二）有利于激发学生学习的热情，增加师生的互动

在传统的教学中，如果教师不能用知识的疑点去吸引学生，用优美的语言去感染学生，课堂教学就会呈现教师"单脚跳独舞"的现象。随着时间的推移，学生听得枯燥乏味，教师讲久了自己也觉得没劲。云课堂教学模式最大的优势就是全面提升了课堂教学的互动性，教师的角色已经从"内容的呈现者"转变为"学习的教练"，教师有时间与学生交谈，回答学生的问题，或参与到学习小组观察学生之间的互动，对每个学生的学习进行个别指导。在这样的环境中，学生更深刻地体会到了教师是在引导他们的学习，而不是发布指令，也不会因怕答错问题而拘谨，而是轻松、自信、想学、有意义。

（三）有利于让学生掌握学习的主动性

每个学生的学习能力和兴趣是不同的。在传统课堂教学方式中，最受教师关注的往往是看起来"最好"和"最聪明"的学生，他们在课堂上积极举手、响应或提出有意义的问题。而与此同时，其他学生则是被动地在听，甚至跟不上教师讲解的进度，也无法真正实现分层教学。云课堂教学则利用教学视频，使学生能根据自身情况来安排和控制自己的学习深度，真正实现分层教学，每个学生都可以按自己的速度来学习。学生可以在课外或回家看教师的视频讲解，使得其学习完全可以在轻松的氛围中进行，而不必像在课堂上教师集体教学那样紧绷神经，担心遗漏什么，或因为分心而跟不上教学节奏。学生观看视频的节奏快慢全由自己掌握，懂了的快进跳过，没懂的则倒退反复观看，也可停下来仔细思考或做笔记，甚至还可以通过聊天软件向教师和同学寻求帮助。

（四）有利于改变课堂管理模式

在传统教学课堂上，教师必须全神贯注地注意课堂上每个学生的动向，关注自己所讲的每一个知识是否讲清、讲透。大家都清楚，讲课不可能每一节都有趣，一旦知识较难或教师准备不充分，或一些学生稍有分心就会有跟不上的情况出现，学生就会感到无聊或搞小动作甚至影响其他人学习。实施云课堂教学模式，使每个学生都忙于活动或小组协作，从而使缺乏学习兴趣而想捣乱课堂的学生也有事可做，"表演失去了观众"，课堂管理问题也就消失了。

（五）有利于让教师与家长深入交流

云课堂教学模式改变了教师与家长交流的内容。大家都记得，每次开家长会，父母问得最多的是自己孩子在课堂上的表现和成绩如何。比如，是否专心听讲，行为是否恭敬，是否举手回答问题，是否完成作业，等等。这些看起来很普通的问题，其实回答起来却很片面、很笼统。而在实施云课堂教学后，在课堂上这些问题也不再是重要的问题，取而代之的是：孩子们是否在学习？如果他们不学习，家长能做些什么来帮助孩子学习呢？这些更深刻的问题会带领教师与家长商量如何把学生带到一个学习的环境中，从而引导学生主动地去学习，帮助学生成为更好的学习者。

总之，经过云课堂教学后，教师有精力、有时间去获取新知识和新理念，以便不断丰富自己。这样在 45 分钟课堂上教师不再是满堂灌，而是用高度概括的语言把知识精要在学生最需要的时候讲给学生，课堂中更重视知识的生成过程，以及教会学生归纳概括的能力。这样便能做到有的放矢，真正做到讲课的高效、学习的高效、时间的高效、效果的高效。

（六）有利于转变传统的教学模式

在传统的教学过程中，以教师讲解和学生听讲为主，然而在这种传统的教学模式下，出现了教师很努力但是学生仍兴趣不高的现象，这样的课堂无法形成真正的师生互动，更无法形成真正的生生互动。在这种教学模式下，学生的学习兴趣很低，学习效率也很低，尤其是对于以科学和严谨著称的信息技术课程，很多学生的学习积极性本应该很高，但是在传统的教学模式下，必然有很大部分的学生不喜欢信息技术。

网络移动自主课堂教学模式将这种传统的课堂进行了一次翻转，使学生成了课堂的主体，使学生在教师的引导下进行合作探究、互相讨论，彼此之间能够协作竞争、互相提高，并且教师在教学的过程中，其教学水平和业务能力也会有很大提高。

（七）有利于营造个性化的学习环境

在传统的教学模式中，教师如果准备一堂课，理论上这堂课要顾及班级里各个学习层次的学生，而现实是受讲授时间等因素制约，这堂课的内容仅仅能适合其中一部分的学生，对于其他部分的学生是不合适的。在这样的情况下，新课改所倡导的分层次教学就无法得以实施。而网络移动自主课堂的出现就打破了这一僵局，它要求学生在课前充分地预习课本内容，这样预习课的学习时间就变长了，从而提高了教学效率，并且教师在上课的过程中，利用多种教学情境引导学生相互协作、积极探究，在触发学生学习能动性的同时内化了所学知识。这样的课堂适合每一个学生，适合每一个层次的学生，使他们能根据教师发放的学习任务书来达成自己的学习目标。

在利用网络移动自主课堂的时候，电脑的基础知识很重要，但是单纯的信息技术知识很枯燥，学生不喜欢学习这些电脑知识，所以教师可以通过网络移动自主课堂设置一些个性化的学习环境让学生去学习、去应用。比如现在的学生对电脑游戏比较感兴趣，所以为了让学生能更好地学习电脑的基础知识，教师可以设置或选择一些有益于学习的小游戏，让学生进行通关式的学习，在通关的过程中，让学生学习电脑相关的硬件知识，这样不仅学生学得比较牢固，并且学生通过探索合作完成整个游戏也会提高继续学习的兴趣，在这个合作的过程中，学生的合作能力也有了显著的提高。

（八）有利于构建互动、协作、探究的学习模式

学习不是一个学生独立完成事情的过程，它需要教师与学生通过交流、互动来共同完成，在这个过程中学生完成了对知识的内化。但是在传统的课堂上，这种对知识的内化实现起来非常难，因为教师面对的是整体的学生，而网络移动自主课堂却将这一内化的过程拉长，学生不仅仅在课堂上可以通过学习得到知识，在课堂外也照样能够习得知识。另外，网络移动自主课堂还可以利用多媒体及网络来实现教师授课的随时暂停、反复播放等有利于学生参与其中并且反复观看、揣摩、思考等行为的实施。网络移动自主课堂也能实现教师与学生、学生与学生之间的互动，使学生能够以合作探究小组的形式一起探究，最终达到学会的效果，灵活地进行知识的应用。

因此，在平时的教学过程中，教师应该专门建立一个学习、交流的平台，然后将自己制作的课件或者是攻克难点和重点的过程放在这个平台上，供学生下载学习，比如信息库的设计方式、如何发布信息和处理信息等。有了这个平台，学生就可以随时随地地学习、复习这些知识，即使有些学生在上课

的过程中没有听懂这些内容，在课下自己学习和再复习的时候，也能慢慢地理解这些内容，这其实就是网络移动自主课堂的一种方式。

（九）有利于促进教学评价的改变

在传统的教学过程中，教学评价的方式简单而又直接，即利用考试成绩来评价学生的学习努力程度和学习态度，但这种方式有一定的局限性。自网络移动自主课堂实施以来，教学评价方式也发生了相应的转变，它不仅仅评价学生的学习结果，还利用学生档案的形式评价了学生的学习过程；不仅仅做到了定性评价和定量评价相结合，更做到了形成性评价对总结性评价的总结和补充。另外，网络移动自主课堂还注重以学生的自评和互评相结合的方式对学生进行评价，不仅仅让学生知道自己有哪些方面做得不足，还可以请同学对自己进行监督和评价。这样一来，学生能够随时看到自己的不足，也能够随时根据评价内容来调整自己努力的方向。

参考文献

[1] 赵路，刘增芳．混合式教学模式在高校数学教学中的有效应用 [J]．山西青年，2023（2）：116-118．

[2] 宋玉军，李婷．高校网络教学的优化策略研究 [J]．经济师，2022（12）：210-211．

[3] 陈文平，马汉凤，黄云飞，冯惠琳．新媒体环境下的高校数学教学模式创新探究 [J]．数学学习与研究，2022（29）：20-22．

[4] 李艳萍．创新教育背景下高校数学教学模式改革的实践探索 [J]．科教导刊，2022（25）：63-65．

[5] 马丽君，周永芳，王金环．高校"数学分析"课程思政教学模式的探索研究 [J]．教育教学论坛，2022（29）：65-68．

[6] 朱海燕，余西亚．翻转课堂模式在高校数学教学中的认知思考 [J]．理科爱好者，2022（3）：1-3．

[7] 王海莲，谢如龙．应用型高校大学数学线上线下混合式教学模式的构建与实践 [J]．池州学院学报，2022，36（3）：115-117．

[8] 燕扬．应用型高校大学数学课程思政在 BOPPPS 教学模式下的实现 [J]．大学教育，2022（6）：40-42+59．

[9] 邹庆云，向绪言，张华．地方高校数学分析 SPOC 混合式教学模式的探索 [J]．湖南文理学院学报（自然科学版），2022，34（2）：13-16．

[10] 柴啸龙，李雄英．财经院校数学分层分类教学模式研究与实践 [J]．

大众科技，2022，24（4）：140-143.

[11] 韩瑶 . 新媒体环境下的高校数学教学模式创新探究 [J]. 中国多媒体与网络教学学报（上旬刊），2022（3）：74-77.

[12] 盛夏 . 应用技术型高校高等数学专业化教学模式研究 [J]. 黑龙江科学，2022，13（3）：108-109.

[13] 孟宜成 . 基于 UMU 平台高校数学互动教学模式分析 [J]. 遵义师范学院学报，2022，24（1）：123-126.

[14] 彭维才，刁亚静，查星星，秦喜梅 . 应用型本科高校高等数学模块化教学研究 [J]. 安徽工业大学学报（社会科学版），2022，39（1）：74-76.

[15] 曾俊泰，刘宇晴 . 高校数学教学中数学建模思想策略的探讨 [J]. 山西青年，2022（2）：82-84.

[16] 吴琦 . 民办高校高等数学教学改革路径探究 [J]. 成才之路，2021（36）：25-27.

[17] 姚英，廖芳芳 . 基于 MOOC 的 O2O 高校数学教学研究 [J]. 教育信息化论坛，2021（11）：39-40.

[18] 廖芳芳，唐美军，姚英，资易斌 . 互联网时代背景下 O2O 高校数学课程教学模式研究 : 以《常微分方程》为例 [J]. 数字通信世界，2021（11）：231-233.

[19]. 浅谈青少年创客教育对高校数学教学的影响 [C]//.《新课改教育理论探究》第九辑，2021：84-85.

[20] 李爱平 . "互联网 +"视域下高校数学教学改革路径 [J]. 江西电力职业技术学院学报，2021，34（10）：52-53.

[21] 章丽霞，张玉莲 . 应用型高校工程数学系列课程教学改革探索 [J]. 教书育人（高教论坛），2021（30）：84-86.